人工智能简史

A SHORT HISTORY OF AI

刘韩 著

人民邮电出版社

北京

图书在版编目（CIP）数据

人工智能简史 / 刘韩著. -- 北京 ：人民邮电出版
社，2018.1
ISBN 978-7-115-47353-0

Ⅰ．①人… Ⅱ．①刘… Ⅲ．①人工智能－简史 Ⅳ.
①TP18

中国版本图书馆CIP数据核字(2017)第283895号

内 容 提 要

　　本书从多个角度介绍人工智能的发展历史，重点介绍这一领域杰出的科
学家，以及他们创造非凡成果的有趣故事。透过搜索引擎、网上购物、社交
网络、智能家居等应用，人工智能技术目前已经开始影响我们的工作和生活，
未来这种影响还会越来越大，最终人工智能将会像电力一样，成为一个无所
不在的基础设施。

　　本书可作为人工智能领域的入门参考书籍，面向的是对人工智能感兴趣
的朋友，读者不需要具备计算机或数学等方面的专业知识就可以读懂本书的
大部分内容。

◆ 著　　　　　　　刘　韩
　　责任编辑　　　俞　彬
　　执行编辑　　　任芮池
　　责任印制　　　沈　蓉　彭志环

◆ 人民邮电出版社出版发行　　北京市丰台区成寿寺路 11 号
　　邮编　100164　　电子邮件　315@ptpress.com.cn
　　网址　https://www.ptpress.com.cn
　　涿州市般润文化传播有限公司印刷

◆ 开本：880×1230　1/32
　　印张：6.125　　　　　　　2018 年 1 月第 1 版
　　字数：161 千字　　　　　 2025 年 2 月河北第 13 次印刷

定价：45.00 元

读者服务热线：(010)81055410　印装质量热线：(010)81055316
反盗版热线：(010)81055315

满怀爱与感激
献给我的父母妻儿
刘卓雄、郭小巧、闫岩和刘山涛

推 荐 序

刘韩是个思考者。

从高中戴上数学、物理、化学竞赛的奖章和地区高考榜眼的桂冠开始，无论走在中国科学技术大学校园内的林荫小道上，还是坐在全球 500 强企业里明亮的办公桌前，奔驰在穿越平原山峦的高速列车厢中，飞越太平洋和大西洋的国际航班上，甚至坐在酒店大堂端着一杯不加糖的特浓咖啡，在家中举着筷子面对清粥小菜，他都没有停下思考。这一点绝对可以从他前额两角稀疏的头发以及那因此更显宽大的额头得到佐证。

于是乎，就有了他在微信朋友圈中的连载原创系列小短文，随后又有了这份页数不多却厚重的书稿，这就是 20 多年沉思的积累。

我是一口气熬夜读完这份书稿的，当初升太阳把第一缕曙光正好撒在书稿的最后一页时我又找回当年读第一部金庸"远景版"《雪山飞狐》的感觉。

我们是幸运的一代人，人类文明发展到我们这一代进入了指数曲线的陡峭阶段，让我们见证到一个接一个基础科学的突破、应用技术的创新。这是一个群星璀璨的时代，一位位宗师和巨匠级的人物以他们的智慧、勤奋和灵感，不懈地将人类的科技水平推向一个新的高度。

我们的先辈在神话、寓言、传说、科幻小说中很早就有人造智能生物的想象与描述，从《列子·汤问》中描述的偃师所造的歌舞机器人，雕刻家皮格马利翁（Pygmalion）雕刻的他理想中的美女塑像伽拉蒂（Galatea），卡洛·科洛迪（Carlo Collodi）所著的《木偶奇遇记》（Pinocchio），到卡雷尔·恰佩克（Karel Capek）的剧作《罗素姆万能机器人》（Rossum's Universal Robots）和艾萨克·阿西莫夫（Isaac Asimov）笔下的虚拟机器人角色机器人·丹尼尔·奥利瓦（R. Daneel Olivaw），再到 HBO 热剧《西部世界》（West World），人类对人造生命和人造智能的丰富想象力得到了淋漓尽致的演绎。但是人工智能作为一门真正的科学学科被纳入主流研究、学习与交流范畴则仅仅是最近 60 年的事，刘韩的《人工智能简史》真实而又精练地再现了奠基者和先驱们在呕心沥血和电光石火的灵感下为人工智能这门学科铺垫的一层层阶梯和树立的一座座里程碑，让读者热血沸腾地读着这些事迹典故的同时也向往着参与到人工智能领域。相信将来的某次人工智能华山论剑大会必将会有今天的某位读者参加。

人类认知与科技的突破是厚积薄发且一般会遵循木桶效应的，对比 20 世纪 80 年代中叶轰轰烈烈的第五代机热潮，此轮人类在人工智能诸领域中取得的新突破是几十年来计算能力、存储能力、知识表达模型、海量数据的收集和计算方法等多方面积累而致。人类的认知与科技发展也都将是螺旋式上升的，所以我们在人工智能发展的道路上也必将还会遇到沉寂时期，直到新的突破。从独立单一任务到综合整体的行为，从全信息下分析决策到模糊资料与不完全信息环境的生存，再到最后的自我意识的发展，人工智能还有很漫长的一段道路要走。但是，我们人类是不会停下探索的脚步的。这个领域有更多的未知等待大家去探索，许多堡垒等着读者去攻克，也意味着还有更多新的里程碑将由你们来树立，下一部人工智能的史册或许要记载你的名字……

郑锐

2017 年 8 月

前　言

在人类思想史的长河中，有几个巨星闪耀的黄金时代。第一个黄金时代，是西方的古希腊罗马时期和中国的春秋战国时期，西方出现了亚里士多德、欧几里得、柏拉图，中国出现了老子、孔子、墨子，这些伟大的先贤们开创了哲学、数学和教育系统，至今仍是人类社会生存和发展的基石。第二个黄金时代，是文艺复兴时期和第一次工业革命时期，出现了牛顿、莱布尼茨、麦克斯韦尔、达·芬奇、歌德等伟人，人类掌握了微积分和经典物理，发明了蒸汽机、火车和电力系统等强有力的工具，人类成为地球上绝对的统治力量。第三个黄金时代，笔者认为应该从爱因斯坦提出相对论开始，随后普朗克、波尔、海森堡等人创立量子力学，冯·诺依曼、图灵、香农等人开创电子计算机、人工智能和通信网络，沃森和克里克发现了脱氧核糖核酸（DNA）的双螺旋结构，阿波罗计划将人类送上月球，人类文明进入崭新的发展阶段。

笔者认为，在未来的 50 年里，人类将迎来思想史上的第四个黄金时代，核心的突破将出现在以下几个方面。

（1）人工智能将实现"超级人工智能"，脑机接口和人机协作将使人类的智力达到前所未有的高度，在此基础上数学、物理学等基础科学将实现新的重大突破，能源、航天和基因等应用技术将跟随数学、物理学的进展实现飞跃。

（2）航天技术的进步将使人类实现移民月球和火星，人类将首次成为"多星球生存物种"。

（3）基因技术的进步，将使人类实现150岁以上的超级长寿并保持身心健康成为可能，基因技术和人工智能技术的结合，有可能创造出下一代"半人半机械"的超级物种。

基于这样的背景来看人工智能的历史，笔者深信人工智能的辉煌篇章才刚刚拉开序幕，未来的黄金时代将由新一代的少年天才去创造。

本书从多个角度介绍人工智能的发展历史，重点介绍这一领域杰出的科学家，以及他们创造非凡成果的有趣故事。透过搜索引擎、网上购物、社交网络、智能家居等应用，人工智能技术目前已经开始影响所有人的工作和生活，未来这种影响还会越来越大，最终人工智能会像电力一样，成为一个无所不在的基础设施。本书可作为人工智能领域的入门参考书籍，面向的是对人工智能感兴趣的读者，读者不需要计算机或数学等方面的专业知识就可以读懂本书的大部分内容。

透过这些杰出科学家经过艰苦奋斗取得成功的故事，读者可以看到人类理想和智慧的光辉，从中得到启迪和鼓舞，以期在人生事业上有所突破。笔者更期待的是，某一位来自中国的少年天才，受到前辈科学家，比如冯·诺依曼、图灵、香农这些伟大天才的激励，投身人工智能领域的科学研究，并且取得辉煌的成功。

本书的后续章节和附录将按以下结构进行安排，每章围绕一个主题展开，分别从不同侧面来叙述人工智能的历史。

第1章主要讲述"达特茅斯会议"上人工智能的诞生，以及香农、麦卡锡、明斯基、西蒙、纽厄尔这些人工智能先驱者的故事 。

第 2 章主要讲述人工智能在国际象棋与围棋领域逐步演进，并战胜人类世界冠军的故事。

第 3 章主要讲述目前人工智能的主流分支学科"深度学习"的发展历史，以及在各个领域的应用。

第 4 章主要讲述人工智能的各种开发语言和开发工具。

第 5 章以专家系统、知识图谱与人机对话为例，主要讲述基于人工智能开发的软件系统。

第 6 章讲述以机器人为代表的人工智能硬件系统，以及人工智能在电影与现实之间的美妙映射。

第 7 章讲述人工智能最重要的基础——数学，从牛顿到哥德尔这些数学家的贡献。

第 8 章主要讲述人工智能领域最关键的三位先知——冯·诺依曼、图灵与香农的故事。

附录 1 的标题是《将"良知"注入机器人"内心"的初步思考》，这是作者受阳明心学"致良知"的启发，希望能通过技术手段将人类的"仁爱"和"善良"等价值观带给机器人和各种人工智能系统，以防范人工智能可能给人类带来的巨大风险。目前这肯定还是很初步的设想，抛砖引玉，非常希望本书的读者能在这方面有更多的思考和行动。

附录 2 是人工智能的大事年表，希望可以给读者描绘人工智能在时间上的整体脉络。同时，细心的读者可以从中找出人工智能五大学派——符号学派、联结学派、进化学派、贝叶斯学派和类推学派的代表人物及核心算法。

附录 3 是人工智能先驱者的学术谱系，这个谱系追溯了人工智能领域的六位关键先驱者的学术师承。有趣的是，在上溯十几代导师之后，可以发现所有这些伟人的学术前辈，最后都是伟大的数学家莱布尼茨的父亲老莱布尼茨。这个附录也提供了许多帮助读者追溯自己数学和计算机领域学术师承的线索。

附录 4 是术语释义汇编，收集这些术语释义是希望能引发读者去探索人工智能领域更多的精彩内容。

附录 5 是本书的参考文献，也可以说是我给本书读者推荐的参考书目。

人工智能的历史并不长，发生的故事却极其丰富多彩，无数前辈科学家从很多方向探索人类智能和机器智能的奥秘，就好像各国的登山英雄同时从几十条不同的道路向珠穆朗玛峰发起冲击，面对如此壮丽的画面，这本书的描绘无疑只是冰山一角，期待未来可以和更多的年轻朋友一起来编写一本更全面更深入的《人工智能通史》，有兴趣合作的朋友可以联系笔者的新浪微博"春雨007"。本书若有疏漏之处，敬请广大读者不吝赐教。

本书的出版，要感谢我的朋友吴汶霖女士和韩宝龙先生帮我推荐了人民邮电出版社，同时感谢人民邮电出版社两位优秀的编辑俞彬先生和任芮池女士。在此书的写作过程中，我的父母妻儿刘卓雄、郭小巧、闫岩和刘山涛给了我极大的支持，我的同学、朋友和亲人给了我很多的鼓励和指点，在此一并谢过！

在写作本书的历程中，我一直在思考一个问题："人工智能，如何能帮助更多的人，实现更幸福自在而又成果丰盛的人生？"感恩我的两位心灵导师——来自东方的阮穗习（Eva Ruan）和来自西方的玛丽莲·阿特金森博士（Marilyn Atkinson），在她们的教导和启发下，我努力去研究冯·诺依曼、图灵、香农、辛顿这些人工智能领域一代宗师的深刻思想，学习乔布斯、贝索斯（Jeff Bezos）、马斯克这些企业家开发极致产品的成功之道和"第一性原理"，学习巴菲特和芒格这两位投资大师终生践行的多学科思维模型和价值投资之道，学习王阳明、埃里克森（Milton Ericson）这些伟大导师对人性的深入理解。同时，我每天练习打坐禅修和瑜伽语音冥想，面对达·芬奇绘画中的天使进行链接"高我"的冥想。2017 年夏天的一个清晨，驾车翻越了云南横断山区辽阔壮美的大山大河之后，在高黎贡山下的腾冲古城，我终于看到了心中珍贵的钻石之光，领悟到整合科学、艺术、商业、人工智能的合一之道——"钻石思维模型"。我相信，"钻石思维模型"会有效地帮助人们突破思维和潜意识中的阻碍和干扰，帮助人们释放潜能，实现幸福自在而又成果丰盛的人生，尤其适合于企业家、自由职业者和从事人工智能产品研发和应用的朋友。本书出版之后，我会奖励自己，开车去全国各地旅行，寻找有志于在人工智能领域施展才华的天才少年，我也期待和各地读者见面时，可以与你交流和分享人工智能的历史故事和"钻石思维模型"。

最后，请允许我借用波斯诗人鲁米的一首小诗，祝你开卷有益并开心快乐，拥有美好的今天。

"今天

　　风是完美的

帆只需要开启

世界充满美感

今天

正是这样的一天……"

刘韩

2017 年 7 月 30 日

目　　录

第 1 章

群星闪耀达特茅斯会议，
香农大神见证人工智能的诞生

拉菲尔名画《雅典学院》局部

1956 年，人工智能元年。

这一年夏天，在美国新罕步什尔州的汉诺威（Hanover）小镇，美丽的常春藤名校达特茅斯学院，群星闪耀，一批大师级的人物聚在一起共同研究了两个月，目标是"精确、全面地描述人类的学习和其他智能，并制造机器来模拟"。这次达特茅斯会议被公认为人工智能（Artificial Intelligence，AI）这一学科的起源。

当时，年仅 29 岁的约翰·麦卡锡（John McCarthy）正在达特茅斯学院任教，他说服了克劳德·香农（Claude Shannon）、马文·明斯基（Marvin Minsky）和 IBM 公司的纳撒尼尔·罗切斯特（Nathaniel Rochester），共同组织了一个为期两个月的研讨会。

"我们提议 1956 年夏天在新罕步什尔州汉诺威的达特茅斯学院开展一次由 10 个人组成的为期两个月的人工智能研究。学习的每个方面或智能的任何其他特征，原则上可被精确地描述，以至于能够建造一台机器来模拟它。该研究将基于这样一个推断来进行，并尝试着发现如何让机器使用语言，形成抽象和概念，求解多种现在注定由人来求解的问题，进而改进机器。我们认为：如果仔细选择一组科学家对这些问题一起工作一个夏天，那么对其中的一个或多个问题就能够取得意义重大的进展。"

会议由洛克菲勒基金会提供 7500 美元的资金支持，如果考虑这次会议的开创意义和深远影响，可以说洛克菲勒基金会这笔钱花得太有品位了，很值得今天花大钱办会的中国土豪们学习。

参加会议的共有 10 位与会者，其中还包括来自卡内基理工学院（现在的卡内基梅隆大学）的赫伯特·西蒙（Herbert Simon)和艾伦·纽厄尔（Allen Newell)、来自普林斯顿大学的特伦查德·莫尔（Trenchard More)、来自IBM公司的亚瑟·塞缪尔（Arthur Samuel)、来自麻省理工学院的雷·所罗门诺夫（Ray Solomonoff）和奥利弗·塞尔弗里奇（Oliver Selfridge)。图1.1是达特茅斯会议期间的合影，前排右一为香农，前排右三为雷·所罗门诺夫，后排右二为明斯基。

图 1.1 达特茅斯会议期间合影

克劳德·香农

让我们来聊聊参加会议的这一批大师。最伟大的当然是克劳德·香农，信息论的创始人。1956年，香农离开了AT&T公司的贝尔实验室，到麻省理工学院作访问教授。信息论是数字化时代的奠基石，计算机、互联网、电信、电视等万亿级的产业，都离不开信息论这一重要基础。而如此重要的学科，基本上由香农凭着一己之力开创，古往今来，好像也只有爱因斯坦提出相对论可以媲美了。

香农（见图1.2），1916年出生于美国密歇根州的皮托斯基（Petoskey），在附近的盖罗德小镇长大。香农的家族有发明家的基因，伟大的爱迪生就是他家的远亲。香农的祖父是农场主，经常喜欢搞些小发明，曾经设计过一款全自动洗衣机。香农的父亲虽然是个生意人，但是经常给儿子买各种模型玩具和电子元件。香农的母亲做过中学校长。所以香农受家庭环境的熏陶，也非常喜欢亲手制造各种机器。

图1.2 香农

1936年，香农在密歇根大学获得了电子工程和数学学士，并到麻省理工学院攻读研究生。香农的硕士论文为《继电器与开关电路的符号分析》（A Symbolic Analysis of Relay and Swithcing），论文中分析了电话交换电路和布尔代数之间的类似性，即把布尔代数的"真"

与"假"和电路系统的"开"与"关"对应起来，并分别用"1"和"0"表示。香农用布尔代数分析并优化了开关电路，这就奠定了数字电路的理论基础。哈佛大学的霍华德·加德纳（Howard Gardner）教授评价："这可能是本世纪最重要、最著名的一篇硕士论文。"

电路系统的"开"和"关"，对应二进制的"1"和"0"。这就是现实世界与虚拟世界最关键的一个对应，可以说香农的天才思想建立了现实与虚拟之间的一个桥梁。布尔代数中逻辑运算的"与""或""非"，可以通过电路系统中逻辑门的"与门""或门""非门"来实现。通过组合电路系统的逻辑门，就可以实现二进制的加减法运算。数学家已经证明，简单的加减法运算就可以搭建乘法、除法、三角函数、对数函数等任何其他运算，进而描述世间万物的物理过程和化学过程。在二进制"1"和"0"的基础上，通过二进制与十进制之间的转换，日常使用的十进制数字得以表达。通过 Unicode 编码，全球主要的语言文字，如中文、英文、德文、日文等，都可以转化为二进制编码。通过数字化技术，图像、声音、视频等都可以用二进制编码来存储。这一切，就将现实物理系统的一切现象和处理过程，对应到了计算机中的虚拟世界。在此基础上，随着电子技术的发展，半导体、集成电路性能的极速提升，工艺尺寸不断减小至纳米层次，个人电脑和手机等改变人类生活的发明得以实现。

关于香农的传奇，在后面的章节会做进一步的介绍。

西蒙与纽厄尔

会议上最引人瞩目的成果，是赫伯特·西蒙和艾伦·纽厄尔介绍的一个程序"逻辑理论家"（Logic Theorist），这个程序可以证明伯特兰·罗素（Bertrand Russell）和艾尔弗雷德·诺思·怀特海（Alfred North Whitehead）合著的《数学原理》中命题逻辑部分的一个很大子集，"逻辑理论家"程序被许多人认为是第一款可工作的人工智能程序。

值得提一下的是，三年之后的 1959 年，来自中国的逻辑学家王浩，在一台 IBM704 机上，只用 9 分钟就证明了《数学原理》中一阶逻辑的全部定理，也成为机器证明领域的开创性人物。顺便帮文艺青年"八卦"一下，毕业于西南联大数学系的王浩，他的逻辑学老师就是金岳霖先生，而金岳霖先生正是一代才女林徽因最好的朋友。

赫伯特·西蒙对中国颇为友好，还有个中文名字叫司马贺，他是美国著名的经济学家、社会学家、管理学家、心理学家和计算机科学家。令人不可思议的是，在每个领域，他都取得了世界级的成就。1975 年，他和艾伦·纽厄尔共同获得计算机届的最高奖——图灵奖（A.M. Turing Award），1978 年获得诺贝尔经济学奖，1986 年获得美国国家科学奖。才华横溢的西蒙，在一次采访中这样介绍他的跨学科研究："其实在我看来，早在 19 岁时，我已下决心投身于人类决策行为和问题解决的相关研究了。有限理性可以看作是它在经济学领域的一个具体体现。而当我接触到计算机技术时，更是第一次感觉到终于有了一种得力的研究工具，可以让我随心所欲地进行自己钟爱的理论研究了。所以后来我投身到这个领域，并进一步接触到了心理学。"

艾伦·纽厄尔，西蒙 40 多年的亲密合作伙伴，这样形容自己的工作："其实我们所研究的科学问题，并不是由自己决定的，换句话说，是科学问题选择了我，而不是我选择了它们。在进行科学研究时，我习惯于钻研一个特定的问题，人们通常把它叫作人类思维的本质。在我的整个科学研究生涯中，我都在对这个问题进行探索，而且还将一直探索下去，直到生命的尽头。"在笔者看来，纽厄尔终生钻研的"人类思维的本质"，正是人工智能最难和最本质的课题！

西蒙比纽厄尔大 11 岁，他在 RAND 公司学术休假时认识了只有 25 岁的纽厄尔，两人相见恨晚，十分投机。西蒙那时已经是卡内基理工学院工业管理系的年轻系主任，他后来力邀纽厄尔到卡内基理工学院，亲自担任纽厄尔的博士导师，并开始了他们终生的合作。虽然西蒙是纽厄尔的老师，但是他们的合作却是平等的。合作的文章署名，通常是按照字母顺序，纽厄尔在前，西蒙在后。参加会议时，西蒙如果见到别人把他的名字放在纽厄尔之前，通常都会纠正。西蒙这样谦谦君子的人品，实在太值得中国的知识分子好好学习。图 1.3 是西蒙（左）和纽厄尔。

图 1.3　西蒙（左）和纽厄尔

西蒙和纽厄尔双剑合璧，创建了人工智能的重要流派：符号派。符号派的哲学思路称为"物理符号系统假说"，简单理解就是：智能是对符号的操作，最原始的符号对应于物理客体。

西蒙、纽厄尔和第一届图灵奖得主艾伦·佩利（Alan Perlis）一起创立了卡内基梅隆大学（Carnegie Mellon University，CMU）的计算机系，从此，卡内基梅隆大学就成为计算机科学和人工智能的重要基地。在华人学者中，活跃于谷歌、微软、百度等公司的李开复、陆奇、沈向洋和洪小文，都毕业于卡内基梅隆大学的计算机系。佩利作为 ALGOL 语言的核心设计者，曾说过这样一句话："任何名词都可以变为动词。"（Any noun can be verbed.）他的意思是说，任何远大的理想、志向、抱负和对新事物的追求，通过努力和不懈的实践，都是可以实现的。这是佩利总结自己的一生所形成的至理名言。

麦卡锡与明斯基

麦卡锡（见图 1.4），1927 年出生于波士顿，他的父母都是美国共产党员，曾经为劳工和妇女的权利做出过斗争和贡献，他似乎也从父母那里继承了一些理想主义思想和组织才能。麦卡锡从小就天资聪颖，小学时连续跳级，高中时开始自学加州理工学院一、二年级的微积分教材，把书上练习题全作了一遍，后来，他被加州理工学院数学系录取，并立刻申请直接进入大学三年级学习，而且很快得到了批准。

图 1.4　麦卡锡

在加州理工学院的一次学术研讨会上，麦卡锡听到了伟大的计算机先驱冯·诺依曼（John von Neumann）的学术报告："自动操作下的自我复制"。在报告中，冯·诺依曼提出能够设计具有自我复制能力的机器，这个观点激发了麦卡锡的极大兴趣。他不禁暗暗思索，这种机器能不能拥有像人类一样的智能呢？可以说，与冯·诺依曼的这次相遇和后来的交流，最终确定了麦卡锡终生的职业方向。

麦卡锡在 24 岁时就拿到了普林斯顿大学的博士学位，后来又结识了香农和 IBM 公司的纳撒尼尔·罗切斯特这些大师，还认识了他的好友明斯基。这些交往使得达特茅斯会议的组织成为可能。

明斯基（见图 1.5），1927 年出生于纽约，和麦卡锡同岁，他的父亲是一名眼科专家，也是画家和音乐家，他的母亲是一个活跃的犹太复国主义者。明斯基回忆童年时，说起过父亲："我们家没有什么复杂的家具，只是到处都布满了各种各样的凸透镜、棱镜和光圈。我经常把父亲的这些器材拆得七零八落，但他从来不会因此责备我，而只是不声不响地将这些零件重新组装回去。"

父母亲所创造的这种充满科学和艺术氛围的环境，帮助明斯基从小就对自然科学表现出了很高的天分和学习热情，并取得了优异的学习成绩。但是第二次世界大战的爆发暂时终止了他的学业，明斯基应征加入海军，接受了电子学的训练，退伍后他进入哈佛大学攻读数学。明斯基的专业是数学，同时对物理学和生物学也有浓厚的兴趣，后来他又对人类最复杂的器官——大脑的奥秘开始着迷。

图 1.5　明斯基

　　1951 年，明斯基和迪安·埃德蒙兹（Dean Edmonds）合作设计了
SNARC，SNARC 是 "Stochastic Neural Analog Reinforcement
Calculator" 的缩写，意思是 "随机神经网络模拟强化计算器"。它是
第一个人工神经网络，尽管它只是用 3000 个真空管模拟 40 个神经元
的运行，但它仍然能够在不断地尝试过程中学会一些解决问题的方法。
明斯基将这项成果写成了博士论文，在进行博士论文答辩时，因为是数
学博士论文，一位答辩导师抱怨说，明斯基所做的这些研究跟数学并没
有多大的关系。对此，当时世界上最牛的数学家之一，伟大的冯·诺依
曼为他辩护说："就算现在看起来它跟数学关系不大，但总有一天，你会
发现它们之间是存在着密切联系的。"明斯基顺利地拿到了博士学位，笔
者认为，他当时也许有 "人生得一知己，斯世当以同怀视之" 的感受吧。

在达特茅斯会议上，西蒙和纽厄尔的"逻辑理论家"、明斯基的 SNARC 和麦卡锡的 $\alpha - \beta$ 搜索法，是最受关注的学术成果。另一关键事件是麦卡锡首次提出人工智能，大师们的深入讨论和传播，推动人工智能成为计算机科学中一门独立的学科。

1958 年，麦卡锡和明斯基先后转到麻省理工学院（Massachusetts Institute of Technology，MIT）工作，他们共同创建了 MAC 项目，这个项目后来演化为麻省理工学院人工智能实验室，这是世界上第一个人工智能实验室，为人工智能行业培养了无数的精英人才。1969 年，明斯基获得图灵奖。1971 年，麦卡锡获得图灵奖。他们两人都曾被称为"人工智能之父"。

第 2 章

国际象棋与围棋，
人工智能最先攻破的堡垒

智慧天使乌列

AlphaGo横空出世

2016 年，人工智能诞生 60 周年，按中国人的农历计算，这两年都是丙申年（猴年），正好是一个甲子的轮回。这一年 IT 行业最轰动的事件，就是 AlphaGo 围棋软件横扫人类世界围棋冠军。有人还在讨论计算机是否具有智能，在笔者看来，未来的 60 年，将是人工智能全面超越人类智能的时代，围棋人机大战，仅仅是这一壮丽史诗的序曲。

2016 年 3 月 9 日至 3 月 15 日，AlphaGo 围棋软件挑战世界围棋冠军李世石的围棋人机大战五番棋在韩国首尔举行。比赛采用中国围棋规则，奖金是由谷歌（Google）提供的 100 万美元。最终 AlphaGo 以 4 比 1 的总比分取得了胜利。

2016 年 12 月 29 日至 2017 年 1 月 4 日，AlphaGo 围棋软件在弈城围棋网和野狐围棋网以"大师"（Master）为注册名，依次对战数十位人类顶尖高手，包括柯洁、朴廷桓、陈耀烨、芈昱廷、唐韦星、常昊、周睿羊和古力等世界冠军，以及中国棋圣聂卫平，取得 60 胜 0 负的辉煌战绩。2017 年 5 月，AlphaGo 以 3:0 完胜世界排名第一的棋手柯洁，如图 2.1 所示。在柯洁两败之后，中国棋坛最强五人组合，分别是时越、芈昱廷、唐韦星、陈耀烨、周睿羊，联手挑战 AlphaGo，至 254 手，AlphaGo 执白中盘胜，如图 2.2 所示。

世界围棋冠军常昊评论 AlphaGo 的围棋水平："它现在的水平，可以说是大大地超出了我们人类的想象。"笔者个人的预测，随着硬件速度的提升和软件的升级优化，以及 AlphaGo 左右互搏、不断自我对弈几亿盘棋的积累，未来版本 AlphaGo 的围棋水平，可以轻松击败任何人类棋手，就像金庸小说《天龙八部》之中，超凡入圣的少林寺扫地僧，可以轻轻松松秒杀萧远山、慕容博这些天下一流高手一样。

图 2.1　2017 年 5 月，AlphaGo 以 3:0 完胜世界排名第一的棋手柯洁

图 2.2　2017 年 5 月 26 日，时越、芈昱廷、唐韦星、陈耀烨、周睿羊五位围棋世界冠军，联手挑战 AlphaGo，至 254 手，AlphaGo 执白中盘胜

国际象棋程序的逐步演进

回顾人工智能的发展史，棋类一直就是一个热门领域，原因很简

单，因为下棋被称为智力竞技运动，所以通过棋类的胜负和等级分，可以很好地来对比和测量人工智能系统的智能水平。

伟大的香农，最早提出了利用计算机编写国际象棋程序的设想，并于1950年发表了论文《为计算机编程下国际象棋》（*Programming a computer for playing chess*），其内容奠定了现代弈棋机的基础。1956年，他在洛斯阿拉莫斯的 MANIAC 计算机上实现了一个国际象棋的下棋程序。在一篇关于计算机象棋的早期论文中，纽厄尔、西蒙和约翰·肖（John Cliff Shaw）提出："如果一个人能够设计出一台成功的弈棋机，他似乎就渗入了人类智力活动的核心。"受这些大师们的激励，无数的计算机专业人士、国际象棋棋手和各行业的业余爱好者开始研究和开发一代又一代的下棋系统，有些人追求胜负和奖金，有些人把下棋系统作为实验工具，研究人类智能的工作原理。图2.3是电脑象棋界的一次聚会，左四为香农，左三为肯·汤普森（Ken Thompson）。

图2.3　电脑象棋界的一次聚会

人类思考棋类问题的核心智慧就是找到妙招，而找到妙招的关键就是推算出若干步之内无论对方如何应对，本方都处于局面变好的态势。转换到国际象棋程序编程，核心都必须有两部分：博弈搜索和局面评估。

　　博弈搜索是一个招法（下一步棋）向着后续招法分叉，形成了一棵树形结构，称为博弈树。最简单的搜索法称为暴力搜索法（Brute force）或者 A（Alpha、阿尔法）方法，这种方法全面生成所有可能的招法，并选择最优的一个，也就是尽可能对博弈树穷尽搜索。另一种策略称为 B（Beta、贝塔）方法，基本思想是剔除某些树枝。

　　暴力搜索法程序遇到的主要难题是博弈树所包含的局面数量实在太多太多了。国际象棋每个局面平均有 40 步符合规则的着法。如果你对每步着法都考虑应着就会遇到 40 x 40 = 1600 个局面。而 4 步之后是 250 万个，6 步之后是 41 亿个。平均一局棋大约走 40 回合 80 步，于是所有可能局面就有 10 的 128 次方个，这个数字远远多于已知宇宙世界的原子总数目（大约 10 的 80 次方）！

　　纽厄尔、西蒙和约翰·肖发展的 Alpha-Beta 算法可以从搜索树中剔除相当大的部分而不影响最后结果。它的基本思想是，如果有些着法将自己引入了很差的局面，这个着法的所有后续着法就都不用继续分析了。也就是说，如果有一个完美的局面评估方法，只要把最好的一个着法留下来就可以了。当然这种完美的评估方法不存在，不过只要有一个足够好的评估方法，那么也可以在每一层分析时只保留几个比较好的着法，这就大大减少了搜索法的负担。Alpha-Beta 算法和优秀人类棋手下棋时的思考过程已经非常接近了。

20 世纪 70 年代，曾经创造 UNIX 系统的计算机行业大腕肯·汤普森开始进入电脑国际象棋领域，他和贝尔实验室的同事乔·康登 (Joe Condon) 一起决定建造一台专门用于下国际象棋的机器，他们把这台机器叫作 Belle，使用了价值大约 2 万美元的几百个芯片。Belle 能够每秒搜索大约 18 万个局面，而当时的百万美元级超级电脑只能搜索 5000 个。Belle 在比赛中可以搜索八至九层那么深，是第一台达到国际象棋大师级水平的计算机。从 1980 年到 1983 年它战胜了所有其他电脑，赢得了世界电脑国际象棋竞赛冠军，直到被价钱贵上千倍的克雷巨型机 (Cray X-MPs) 取代。Belle 的成功，开创了通过研发国际象棋专用芯片来提高搜索速度的道路。

汤普森的另一大贡献是他整理的残局库，他在 20 世纪 80 年代就开始生成和储存棋盘上剩四至五子的所有符合规则的残局。一个典型的五子残局，比如王双象对王单马，包含总数 121 万个局面。电脑使用这些残局数据库，可以把每个残局走得绝对完美，就像上帝一样。

汤普森在 20 世纪 80 年代对搜索深度和棋力提高之间的关系做了非常有意义的试验。他让 Belle 象棋机自己跟自己下，但只有一方的搜索深度不断增加，结果是，根据胜负比率，平均每增加一个搜索深度可大约换算成 200 个国际象棋等级分。由此推论，可以计算出搜索深度达到 14 层时，就达到了当时世界冠军卡斯帕罗夫的水平，即 2800 分的等级分。当时计算机行业专家的推测是：要与人类世界冠军争夺冠军，必须做一台每秒运算 10 亿次的电脑（对应于搜索到 14 层的深度）。

在评估局面方面，早期使用的是凭借经验制定的简单规则，后来这些规则逐渐增加，并逐渐加入人类优秀棋手评估棋局的思路。比如，卡内基梅隆大学的汉斯·伯利纳（Hans Berliner）教授，他曾经是世界国际象棋通讯赛冠军，他领导开发了 20 世纪 80 年代很强的"Hitech"下棋机，在他的局面评估方法中，局面好坏由 50 多个因素决定（例如子力、位置、王的安全等），每个因素则是一个变量，为每个变量赋予了一个加权系数，最后加权求和的大小就清晰地表明了当前局面的优劣。

"深蓝"挑战世界冠军卡斯帕罗夫

最终实现战胜人类国际象棋世界冠军之梦、取得人机大战胜利的是 IBM 的"深蓝"（DeepBlue）团队，核心是来自中国台湾地区的许峰雄、莫里·坎贝尔（Murray Cambell）和乔·赫内（Joe Hoane）。1985 年，许峰雄和莫里在卡内基梅隆大学读研究生时，就是电脑下棋机"ChipTest"和"DeepThought"团队的核心成员，这两台下棋机在当时都处于电脑象棋行业的顶尖水平。许峰雄的导师孔祥重教授也是华人，是孔子的后代。许峰雄很有个性，有时会和权威发生冲突，高中开始就有个绰号叫"疯鸟"（Crazy Bird），孔教授继承了他的祖先孔子"因材施教"的风范，宽容了"疯鸟"造成的一些麻烦，大力支持了许峰雄的追梦之旅。

1989 年，许峰雄和莫里加入 IBM，得到了他们非常需要的高速计算机的资源和生产几百个象棋芯片的财力。IBM 雄厚财力的另一大用途，是"深蓝"团队可以请到马克西姆·德卢基（Maxim Dlugy）、乔尔·本杰明（Joel Benjamin）、米格尔·伊列斯卡斯（Miguel Illescas）等多位国际象棋特级大师来负责与"深蓝"对弈和训练，这些训练的成果，多数都沉淀在"深蓝"不断优化的局面评估程序和开局库之中。

又经过了近十年的艰苦努力，IBM"深蓝"下棋机最终在 1997 年 5 月 3 日至 5 月 11 日的系列比赛中，以 3.5:2.5(2 胜 1 负 3 平）战胜了当时的国际象棋世界冠军卡斯帕罗夫，震惊了整个世界。图 2.4 是"深蓝"与世界冠军卡斯帕罗夫对局中。当时用于比赛的 IBM"深蓝"下棋机，使用了 30 台 IBM RS/6000 工作站，每台工作站有一个主频 120MHz 的 Power2 CPU 加上 16 个 VLSI 国际象棋专用芯片，所以"深蓝"的计算能力是 30 个 CPU 加 480 个象棋芯片，理论搜索速度每秒 10 亿个棋局，实际最大速度大约是每秒搜索 2 亿个棋局，很接近 20 世纪 80 年代时计算机专家的预测。

图 2.4 "深蓝"与世界冠军卡斯帕罗夫对局中

许峰雄后来写了本书，叫《"深蓝"揭秘——追寻人工智能圣杯之旅》，回忆了他 12 年磨一剑，坚持打造可以战胜所有人类选手的下棋机，最终取得成功的不凡经历，这本书很值得所有愿意长期追求远大梦想的人学习。

书中透露的两个细节可以看到人类棋手在下棋能力以外的弱点。第一局卡斯帕罗夫取胜后，却一直疑惑为什么"深蓝"在第 44 步没有下看似更好的一招棋，他的助手们深入分析后得出结论，"深蓝"没下那招棋的原因是"它大概看到了 20 步之后的杀招"，如此高估"深蓝"的实力也许对卡斯帕罗夫后来的战斗增加了不少压力。整个系列比赛结束后，许峰雄才在书中透露"深蓝"是因为程序的隐错（Bug）才走出的那一招，当听到卡斯帕罗夫团队的分析时，他不禁笑出声来。另一个细节，此次比赛的总奖金是 110 万美元，胜方得 70 万美元，负方得 40 万美元，卡斯帕罗夫又对外另下了 30 万美元的赌注，因此，他承受了除名誉以外来自金钱的巨大压力。最后一局，下了不到 1 小时，卡斯帕罗夫在 19 步后认输。

有趣的是，作为"深蓝"的总设计师和芯片设计师，许峰雄更倾向于从工程角度来看待"深蓝"的成功，他在书中的序言中说："本书与科学发现无关，而是一项工程探索。从本质上讲，工程探索涉及生活中更丰富的层面。工程探索背后的技术思想首先要被发现出来，然后才能达到逻辑上的完善。这个发现可能来自运气或灵感，而探索的其他部分则需要付出辛勤的汗水和锲而不舍的努力。……本书描述的是努力超越（尽管也许只是暂时的超越）世界上最佳人类棋手的弈棋水平的探索过程。"

AlphaGo的故事

关于计算机下围棋，许峰雄在 2002 年写书时的判断是："它实在太难了，以至于在未来 20 年中可能得不到解决。"这句话里"解决"的含义应该就是战胜围棋世界冠军，然而这个预言在 2016 年提前 6 年被强大的 AlphaGo 团队打破。

AlphaGo 是一款围棋人工智能程序，由谷歌旗下 DeepMind 公司开发。DeepMind 公司创始人戴密斯·哈萨比斯（Demis Hassabis）生于 1976 年，在英国伦敦长大，父亲是希腊族塞浦路斯人，母亲是新加坡华人。他从小就是国际象棋和计算机双料神童，4 岁开始下国际象棋，8 岁自学编程，13 岁获得国际象棋大师称号。2010 年，哈萨比斯创立专注于人工智能研发的 DeepMind 公司，目标是建立强大的通用学习算法，将技术应用于解决现实世界的难题。

AlphaGo 的开发团队核心包括大卫·席尔瓦（David Silver）、黄士杰（Aja Huang）、克里斯·麦迪森（Chris Maddison)、亚瑟·贵茨（Arthur Guez) 等人，如图 2.5 所示。AlphaGo 围棋程序应用了近年来在人工智能领域有重大突破的深度学习（Deep Learning）和强化学习（Reinforcement Learning）等技术，加上谷歌强大的并行计算实力，可以说其"智能"水平已经远远超过当年的"深蓝"。

图 2.5　AlphaGo 开发团队，左四为戴密斯·哈萨比斯，
左五为大卫·席尔瓦，左六为黄士杰

根据 DeepMind 公司在《自然》杂志上发表的文章，AlphaGo 这个系统主要由以下几个部分组成。

（1）策略网络（Policy Network），给定当前局面，预测下一步的走棋。对棋盘上的每个可下的点都给出了一个估计的分数，也就是围棋高手下到这个点的概率。评估一步棋的时间仅需 2ms 左右。

（2）快速走子（Fast rollout），目标和策略网络一样，但在适当牺牲走棋质量的条件下，速度要比策略网络快 1000 倍。下一步棋的时间仅需 2μs 左右。

（3）估值网络（Value Network），给定当前局面，估计是白胜还是黑胜，给出输赢的概率。

（4）蒙特卡罗树搜索（Monte Carlo Tree Search，MCTS)，把以上 3 个部分连起来，形成一个完整的系统。

简单地说一下 AlphaGo 的"训练"过程，AlphaGo 团队首先利用几万局专业棋手对局的棋谱来训练系统，得到初步的"策略网络"和"快速走子"。训练"策略网络"时，采用"深度学习"算法，基于全局特征和深度卷积网络来训练，其主要作用是给定当前盘面状态作为输入，输出下一步棋在棋盘其他空地上的落子概率。"快速走子"则基于局部特征和线性模型来训练。完成这一步后，AlphaGo 已经初步模拟了人类专业棋手的"棋感"。接下来，AlphaGo 采用左右互搏的模式，不同版本的 AlphaGo 相互之间下了 3000 万盘棋，利用人工智能中的"深度增强学习"算法，通过每盘棋的胜负来学习，不断优化和升级"策略网络"，同时建立了一个可以对当前局面估计黑棋和白棋胜率的"估值网络"。根据 AlphaGo 团队的数据，对比围棋专业选手的下法，"策略网络"用 2ms 能达到 57% 的准确率，"快速走子"用 2μs 能达到 24.2% 的走子准确率。据估计，单机上采用"快速走子"的下棋程序，已经具备了围棋三段左右的水平。而"估值网络"对胜负的判断力已经远超所有人类棋手。

实际对局时，AlphaGo 通过"蒙特卡罗树搜索"来管理整个对弈的搜索过程。首先，通过"策略网络"，AlphaGo 可以优先搜索本方最有可能落子的点（通常低于 10 个）。对每种可能，AlphaGo 可以通过"估值网络"评估胜率，同时，可以利用"快速走子"走到结局，通过结局的胜负来判断局势的优劣，综合这两种判断的评分再进一步优化"策略网络"的判断，分析需要更进一步展开搜索和演算的局面。综合这几种工具，辅以超级强大的并行运算能力，AlphaGo 在推演棋局变化和寻找妙招方面的能力，已经远超人类棋手。根据资料，最高配置的 AlphaGo 分布式版本，配置了 1920 个 CPU（中央处理器）和 280 个 GPU（图形处理器），同时可以跑 64 个搜索线程，这样的计算速度就好像有几十个九段高手同时在想棋，还有几十个三段棋手帮着把一些难以判断的局面直接下到最后，拿出结论，某一位人类棋手要与之对抗，确实难上加难。

当然，目前版本的 AlphaGo 也并不完美。在人机大战的第 4 局，0:3 失利后为荣誉而战的李世石长考 25 分钟后，祭出了白 78"挖"的妙手，这一手棋后来被新闻界称为"神之一手"，AlphaGo 在李世石的绝地反击下陷入混乱，下出了不少"昏招"，最后中盘认输。据 DeepMind 创始人哈萨比斯赛后在 Twitter 写道："李世石下出白 78后，AlphaGo 自我感觉良好，在程序的'估值网络'中，误以为胜率达到 70%，在第 79 手犯了错，直到第 87 手才反应过来它错了。"

围棋世界冠军古力与 AlphaGo 对弈以后写下了这么一句话："人类与人工智能共同探索围棋世界的大幕即将拉开。"笔者相信，AlphaGo 所代表的人工智能技术将在更多的领域辅助人类解决更多的难题，而更多中国血统的天才，将像许峰雄、戴密斯·哈萨比斯、黄士杰那样，在人工智能领域取得辉煌的成就。

第 3 章

深度学习,
掀起人工智能的新高潮

拉菲尔自画像

也许你觉得人工智能离你还有点远，只存在于谷歌那巨大无比的数据中心机房，或者充满神秘感的麻省理工学院机器人实验室。其实，透过互联网和智能手机，人工智能已经开始渗入我们每天的日常生活。

假设你生活在笔者老家，福建美丽的海滨城市厦门。早晨起来，当你打开手机里的"今日头条"APP，看看今天有什么新闻时，"今日头条"的人工智能推荐系统会根据你过去的阅读情况，给你推荐你特别喜欢的 NBA 篮球明星库里的赢球消息。上班路上，当你打开"百度地图"APP，用语音直接说出了目的地"厦门大学"时，"百度地图"会自动识别你略带福建口音的普通话，并为你导航了一条不那么堵车的线路。到了公司，当你打开邮件系统时，基于人工智能的反垃圾邮件算法已经为你屏蔽了几十条垃圾邮件，默默地帮助你提高工作效率。你还可以利用"科大讯飞"的人工智能语音输入软件口述完成一篇重要文件，并采用"谷歌翻译"将文件翻译成英文和西班牙文，然后发给你国外的客户。中午吃完午餐，你和同事到附近的公园散步，看到草坪上有一棵树开着红花，非常美丽，你想知道这种花叫什么，于是你打开手机中的"形色"APP，拍照上传，很快，人工智能图像识别算法识别出这种花学名叫红花羊蹄甲，又称紫荆花，花语象征着兄弟情谊……

在这些给我们带来方便和快乐的人工智能算法背后，最核心的就是目前人工智能领域最火热的深度学习技术。第 2 章讲述了人工智能在象棋和围棋领域超越人类世界冠军的故事，AlphaGo 围棋软件特别强大的原因，是它的策略网络和估值网络，而这两个子系统的产生，靠的也是深度学习。

也许你会问，什么是深度学习？简单地说，机器学习是人工智能中很重要的一个学科，而深度学习是机器学习的一个分支。机器学习实现的是让计算机透过大量的数据或以往的经验来学习，不断优化计算机程序的性能，实现分类或预测等功能。深度学习可以让拥有多个处理层的神经网络计算模型来学习具有多层次抽象数据的表示，简单地说，深度学习能够发现大数据中的复杂结构。这些概念虽然听起来有点复杂，但是在本书的后续部分会作进一步的解释。

近几年来，深度学习在图像识别、语音识别、自然语言处理、机器人、医学自动诊断、搜索引擎等方面都取得了非常惊人的成果，并且通过手机和互联网开始全面影响人类的工作和生活。在本章中，让我们来一起重温深度学习的历史，并且探讨人工智能和深度学习的各种应用。

早期的人工神经网络

深度学习的概念源于人工神经网络的研究，早期的神经网络模型试图模仿人类神经系统和大脑的学习机理。1943 年，神经生理学家沃伦·麦卡洛克（Warren McCulloch）和逻辑学家沃尔特·皮茨（Walter Pitts）联合发表了重要论文《神经活动中内在思想的逻辑演算》（*A logical calculus of the ideas immanent in nervous activity*）。在论文中，他们模拟人类神经元细胞结构提出了麦卡洛克－皮茨神经元模型（McCulloch-Pitts Neuron Model，简称 MP 模型，见图 3.1），首次将神经元的概念引入计算领域，提出了第一个人工神经元模型，从此开启了神经网络的大门，表 3.1 是生物神经元与 MP 模型。

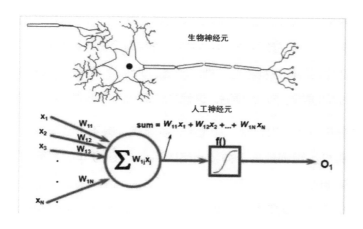

图 3.1　MP 模型

表 3.1　生物神经元与 MP 模型

生物神经元	神经元	输入信号	权值	输出	总和	膜电位	阈值
MP 模型	j	χ_i	w_{ij}	o_j	$\sum$	$\sum_{i=1}^{n} w_{ij}\chi_i(t)$	T_j

MP 模型大致模拟了人类神经元的工作原理，就是将一些输入信号进行一些变换后得到输出结果。在图 3.1 中，图的下部是一个人工神经元，有 N 个输入信号 x_1, x_2, ..., x_N（对应于人类神经元的 N 个树突，每个树突与其他神经元连接得到信号），每个信号对应于一个权重（对应于每个树突连接的重要性），即 W_{11}, W_{12}, ..., W_{1N}，计算这 N 个输入的加权和，然后经过一个阈值函数得到"0"或者"1"的输出。输出的结果，在人类神经元中，"0"和"1"可以代表神经元的"压抑"和"激活"状态，在人工神经元中，"0"和"1"可以代表逻辑上的"No"和"Yes"。

1958 年，心理学家弗兰克·罗森布拉特（Flank Rosenblatt）教授提出了感知机模型（Perceptron），感知机是基于 MP 模型的单层神经网络，是首个可以根据样例数据来学习权重特征的模型。对于线性可分为两类的数据，按照感知机的误差修正算法，可以根据样例数据经过多次迭代运算，最终实现运算收敛，确定每个输入 x 对应的权重 W。我们把迭代运算的过程称为"神经网络的训练"，最终训练好的神经网络可以对新的数据作分类预测。这就是最简单的"机器学习"的过程。

受感知机模型的启发，20 世纪 60 年代，有不少数学家、物理学家和计算机工程师投身于神经网络的研究。1969 年时，著名的人工智能专家明斯基教授和西蒙·派珀特（Seymour Papert）教授出版了《感知机：计算几何学导论》一书（*Perceptrons:An Introduction to Computational Geometry*），书中证明了感知机模型只能解决线性可分问题，明确指出了感知机无法解决异或问题等非线性可分问题。同时，书中也指出在当时的计算能力之下，实现多层的神经网络几乎是不可能的事情。明斯基教授和派珀特教授对感知机研究的悲观预测，导致了神经网络研究的第一次低潮，此书出版后的十多年，基于神经网络的研究几乎处于停滞状态。

一代宗师杰弗里·辛顿

1986 年，深度学习的一代宗师杰弗里·辛顿（Geoffrey Hinton）教授开始崭露头角，这一年，辛顿教授、大卫·鲁梅哈特（David Rumelhart）教授和罗纳德·威廉姆斯（Ronald Willliams）教授在《自然》杂志上发表了重要论文《通过反向传播算法实现表征学习》（*Learning Representations by Back-propagating Errors*），文章中提出的反向传播算法大幅度降低了训练神经网络所需要的时间。直到 30 年后的今天，反向传播算法仍然是训练神经网络的基本方法。同时，辛顿教授倡导的深层神经网络，也可以很好地解决异或问题和其他的线性不可分问题。

辛顿教授（见图3.2），1947年出生在英国。他出生于一个非常传奇的家族，他爷爷的外公就是伟大的数学家乔治·布尔（George Boole），布尔代数的奠基人。乔治·布尔的太太叫玛丽·埃佛勒斯（Mary Everest），是一位作家，著有《代数的哲学和乐趣》。玛丽·埃佛勒斯的叔叔是乔治·埃佛勒斯（George Everest），英国著名的测绘学家和探险家，曾经担任当时的英国殖民地印度的测量局局长，领导了喜马拉雅山脉的测量工作。后来英国人以他的姓氏命名了世界最高峰——珠穆朗玛峰，英文名为Mount Everest。辛顿教授全名Geoffrey Everest Hinton，当年他家人给他命名Everest时，也许已经对他未来勇攀科学高峰许下了祝福。顺便帮文艺青年"八卦"一下，乔治·布尔的小女儿伏尼契（Ethel Lilian Voynich），就是中国读者特别喜欢的一本小说《牛虻》的作者，她本人的生活和爱情也极其精彩，传说她与超级间谍西德尼·雷里（Sidney Reilly，电影《007》中詹姆斯·邦德（James Bond）的原型人物）还有过一段浪漫的爱情，在这里就不再赘述了。

图3.2　一代宗师辛顿教授

辛顿教授的父亲霍华德·埃佛勒斯·辛顿（Howard Everest Hinton）是昆虫学家，曾祖父查尔斯·霍华德·辛顿（Charles Howard Hinton）是一个知名的数学家和最早期的科普作家和科幻小说家。从高中时代开始，辛顿就对人类大脑和神经网络的奥秘深深着迷。1970 年，辛顿毕业于剑桥大学，本科拿的是实验心理学的学士学位。1978 年获得爱丁堡大学的人工智能博士学位，曾经在卡内基梅隆大学计算机系工作过 5 年。后来，他移居加拿大，成为多伦多大学的一位著名教授。

在辛顿教授科研生涯的前 20 多年里，虽然取得了不少成果，但是因为计算机的计算速度还不够快，深层神经网络的优化较为困难，所以基于深层神经网络的深度学习并未在学术界取得足够的重视，发表文章和获取科研经费也都比较困难。辛顿教授非常坚定地默默坚持自己的研究工作，同时培养了不少优秀的学生和合作者，包括后来深度学习领域大名鼎鼎的延恩·乐存（Yann LeCun）和约书亚·本吉奥（Yoshua Bengio）。

2004 年，依靠来自加拿大高级研究所的资金支持，辛顿教授创立了"神经计算和自适应感知"项目，简称 NCAP 项目。NCAP 项目的目的是创建一个世界一流的团队，致力于生物智能的模拟，也就是模拟出大脑运用视觉、听觉和书面语言的线索来做出理解并对它的环境做出反应这一过程。辛顿教授精心挑选了研究人员，邀请了来自计算机科学、生物、电子工程、神经科学、物理学和心理学等领域的专家参与 NCAP 项目。后来的事实证明，辛顿教授建立这样的跨学科合作项目对人工智能的研究是一个伟大的创举，定期参加 NCAP 项目研讨会的许多研究人员，比如延恩·乐存、约书亚·本吉奥和吴恩达（Andrew Ng），如图 3.3 所示，后来也都取得了非常突出的成果。最核心的是这一团队系统地打造了一批更高效的深度学习算法，最终，他们的杰出成果推动了深度学习成为人工智能领域的主流方向。2012 年，辛顿教授获得有"加拿大诺贝尔奖"之称的基廉奖（Killam Prizes），这是加拿大的国家最高科学奖。

图 3.3　左至右为乐存、辛顿、本吉奥和吴恩达

2013 年，谷歌公司收购了辛顿教授创立的 DNN Research 公司，实际上，这家公司没什么产品和客户，只有 3 个深度学习领域的牛人，辛顿教授和他的两个学生，分别是曾经赢得 2012 年的 ImageNet 大赛的埃里克斯·克里泽夫斯基（Alex Krizhevsky）和以利亚·苏斯科夫（Ilya Sutskever）。有人调侃 Google 花了几千万美元买了几篇论文，笔者认为，谷歌这种大手笔引进世界最顶尖人才的方式，正好体现了谷歌两位老板拉里·佩奇（Lawrence Edward Page）和谢尔盖·布

林（Sergey Brin）面向未来的雄才大略，非常值得中国的企业家学习。2014 年，谷歌花 4 亿美元收购 DeepMind 公司时，DeepMind 公司也就是刚刚在《自然》杂志发表了一篇利用强化学习算法玩计算机游戏论文的小公司，很多人都不理解为什么这家公司值这么多钱。后来 DeepMind 研发了震惊世界的 AlphaGo 之后，人们才开始相信佩奇和布林的远见。

延恩 · 乐存与卷积神经网络

说完辛顿教授，我们来聊聊深度学习领域的另一位名人，曾经跟随辛顿教授作过博士后研究的乐存。1960 年，乐存出生在法国巴黎附近，父亲是航空工程师。1988 年开始，乐存在著名的贝尔实验室工作了 20 年。乐存目前是纽约大学终身教授，同时是 Facebook 的人工智能实验室负责人。乐存教授对人工智能领域的最核心贡献是发展和推广了卷积神经网络（Convolutional Neural Networks，CNN），卷积神经网络是深度学习中实现图像识别和语言识别的关键技术。和辛顿教授一样，乐存教授也是在人工智能和神经网络的低潮时期，长期坚持科研并最终取得成功的典范。正如辛顿教授所说："是乐存高举着火炬，冲过了最黑暗的时代。"

卷积神经网络是受生物自然视觉认知机制启发而来，20 世纪 60 年代初，大卫 · 休伯尔（David Hunter Hubel）和托斯坦 · 维厄瑟尔（Torsten Nils Wiesel）通过对猫视觉皮层细胞的研究，提出了感受野 (Receptive Field) 的概念。受此启发，1980 年，福岛 邦彦（Kunihiko Fukushima）提出了卷积神经网络的前身

Neocognitron。20 世纪 80 年代，乐存发展并完善了卷积神经网络的理论。1989 年，乐存发表了一篇著名的论文《反向传播算法用于手写邮政编码的识别》（ *Backpropagation Applied to Handwritten Zip Code Recognition* ）。1998 年，他设计了一个被称为 LeNet-5 的系统，一个 7 层的神经网络，这是第一个成功应用于数字识别问题的卷积神经网络。在国际通用的 MNIST 手写体数字识别数据集上，LeNet-5 可以达到接近 99.2% 的正确率。这一系统后来被美国的银行广泛用于支票上数字的识别。

乐存是一位成果丰硕的计算机科学大师，不过笔者最佩服的还是他的业余爱好——制造飞机！在一次 IEEE 组织的深度对谈中，他和 C++ 之父比扬尼·斯特朗斯特鲁普（Bjarne Stroustrup）有一个有趣的对话。斯特朗斯特鲁普问：“你曾经做过一些非常酷的玩意儿，其中大多数能够飞起来。你现在是不是还有时间摆弄它们，还是这些乐趣已经被你的工作压榨光了？”乐存回答：“工作里也有非常多乐趣，但有时我需要亲手创造些东西。这种习惯遗传于我的父亲，他是一位航空工程师，我的父亲和哥哥也热衷于飞机制造。因此当我去法国度假的时候，我们就会在长达三周的时间里沉浸于制造飞机。”

卷积神经网络通过局部感受野和权值共享的方式极大减少了神经网络需要训练的参数的个数，因此非常适合用于构建可扩展的深度网络，用于图像、语音、视频等复杂信号的模式识别。给你一个规模上的概念，目前用作图像识别的某个比较典型的卷积神经网络，深度可达 30 层，有着 2400 万个节点，1 亿 4000 万个参数和 150 亿个连接。连接个数远远多于参数个数的原因就是权值共享，也就是很多连接使用相同的参数。训练这么庞大的模型，必然要依靠大量最先进的 CPU

和 GPU，并提供海量的训练数据。

GPU与海量训练数据

　　谈到 GPU 和海量的训练数据，可以说说我们华人的贡献。目前多数深度学习系统，都采用 NVIDIA 公司的 GPU 通过大规模并行计算实现训练的加速，而 NVIDIA 公司的联合创始人和首席执行官（Chief Executire Officer，CEO），是来自中国台湾地区的黄仁勋（Jen-Hsun Huang，见图 3.4）。据黄仁勋介绍，2011 年，是人工智能领域的研究人员发现了 NVIDIA 公司的 GPU 的强大并行运算能力。当时谷歌大脑 (Google Brain) 项目刚刚取得了惊人的成果，谷歌大脑的深层神经网络系统通过观看一周的 YouTube 视频，自主学会了识别哪些是关于猫的视频。但是它需要使用谷歌一家大型数据中心内的 16000 个服务器 CPU。这些 CPU 的运行和散热能耗巨大，很少有人能拥有这种规模的计算资源。NVIDIA 及其 GPU 出现在人们的视野中。NVIDIA 研究院的布莱恩·卡坦扎罗（Bryan Catanzaro）与斯坦福大学吴恩达教授的团队展开合作，将 GPU 应用于这个项目的深度学习。事实表明，12 个 NVIDIA 公司的 GPU 可以提供相当于 2000 个 CPU 的深度学习性能。此后，纽约大学、多伦多大学以及瑞士人工智能实验室的研究人员纷纷在 GPU 上加速其深度神经网络。再接下来，全世界的人工智能研究者都开始使用 GPU，NVIDIA 公司从此开始了又一轮的高速成长。

图 3.4 黄仁勋（左）与伊隆·马斯克（右）

在海量训练数据方面，1976 年出生于北京的李飞飞教授（见图 3.5）功不可没。李飞飞 16 岁时随父母移居美国，现在是斯坦福大学终身教授，人工智能实验室与视觉实验室主任。2007 年，李飞飞与普林斯顿大学的李凯教授合作，发起了 ImageNet 计划。利用互联网，ImageNet 项目组下载了接近 10 亿张图片，并利用像亚马逊网站的土耳其机器人（Amazon Mechanical Turk）这样的众包平台来标记这些图片。 在高峰期时，ImageNet 项目组是亚马逊土耳其机器人这个平台上最大的雇主之一，来自世界上 167 个国家的接近 5 万个工作者在一起工作，帮助项目组筛选、排序、标记了接近 10 亿张备选照片。2009 年，ImageNet 项目诞生了—— 这是一个含有 1 500 万张照片的数据库，涵盖了 22000 种物品。这些物品是根据日常英语单词进行分类组织的，对应于大型英语知识图库 WordNet 的 22 000 个同义词集。 无论是在质量上还是数量上，ImageNet 都是一个规模空前的数据库，同时，它被公布为互联网上的免费资源，全世界的研究人员都可以免费使用。ImageNet 这个项目，充分体现了人类通过互联网实现全球合作产生的巨大力量。

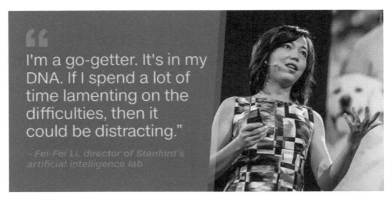

图 3.5　李飞飞

随着机器学习算法的不断优化，并得到了 GPU 并行计算能力和海量训练数据的支持，原来深层神经网络训练方面的困难逐步得到解决，"深度学习"的发展迎来了新的高潮。在 2012 年 ImageNet 挑战赛中的图像分类竞赛中，由辛顿教授的学生埃里克斯·克里泽夫斯基教授实现的深度学习系统 AlexNet 获得了冠军，分类的 Top5 错误率，由原来的 26% 大幅降低到 16%。从此以后，深度学习在性能上超越了机器学习领域的其他很多算法，应用领域也从最初的图像识别扩展到机器学习的各个领域，掀起了人工智能的新浪潮。

深度学习的应用

接下来我们举几个例子，来看看深度学习在各个领域的应用情况。首先来看计算机视觉领域，这方面较早实用化的是光学字符识别（Optical Character Recognition，OCR）。所谓光学字符识别，就是将计算机无法理解的图片文件中的字符，比如数字、字母、汉字等，转化为计算机可以理解的文本格式。2004 年，谷歌公司发起了谷歌图书项目（http://books.google.com)，通过与哈佛大学、牛津大学、斯坦福大学等大学图书馆的合作，目前已经扫描识别了几千万本图书，并可以实现全文检索，对没有版权问题的书籍，还提供 PDF 格式的文件下载。当笔者在谷歌图书中，打开哈佛大学图书馆珍藏的线装古本王阳明的《传习录》，还有惠能的《六祖坛经》时，心里真是非常的感动，谷歌相当于把全世界的图书馆都搬到了每个人的电脑上，真是功德无量。

计算机视觉另外两个热门的应用领域就是无人驾驶车和人脸识别。2010 年，7 辆车组成的谷歌无人驾驶汽车车队开始在加州道路上试行，这些车辆使用摄像机、雷达感应器和激光测距机来"看"交通状况，并且使用详细地图来为前方的道路导航，真正控制车辆的是基于深度学习的人工智能驾驶系统。2012 年 5 月 8 日，在美国内华达州允许无人驾驶汽车上路 3 个月，经过了几十万公里的测试之后，机动车驾驶管理处为谷歌的无人驾驶汽车颁发了一张合法车牌。图 3.6 是谷歌无人驾驶车的设计原型。2014 年，Facebook 研发了 DeepFace，这个深度学习系统可以识别或者核实照片中的人物，在全球权威的人脸识别评测数据集 LFW 中，人脸识别准确率达 97.25%。

图 3.6 谷歌无人驾驶车的设计原型

在不远的将来，十年以内，肯定会有很多无人驾驶车开始上路行驶。到那时，除了马路上那些固定的摄像头，又会多出无人车上成千上万的移动摄像头，配合基于深度学习的人脸识别技术和高速的通信网络，保护社会安全、抓捕罪犯的工作也许会得到很多的方便，同时，所有人的隐私也受到极大的威胁，只能祈祷人工智能的强大力量被善用了。

随着深度学习的快速发展，人工智能科学家近年来在语音识别、自然语言处理、机器翻译、语音合成等与人类语言交流相关的领域都实现了巨大的技术突破。2012 年，在微软亚洲研究院的 21 世纪计算大会上，微软高级副总裁理查德·拉希德（Richard Rashid）现场演示了微软开发的从英语到汉语的同声传译系统，这次演讲得到了全世界的广泛关注，YouTube 上就有超过 100 万次的播放量。同声传译系统，结合了语音识别、机器翻译和语音合成的最新技术，并且要求在很短的时间内高效完成。微软的同声传译系统，已经被应用到 Skype 网络电话中，支持世界各地持不同语言的人们改善交流。苹果公司的 Siri、谷歌公司的 Google Now 等智能手机上的语音助手已经打入了很多人的日常生活，而亚马逊公司基于 Alexa 语音交互系统的 Echo 智能音箱（见图 3.7）更加厉害，可以直接实现语音购物和语音支付，并且可以回答你包裹已经运到了什么地方，还能播放你喜欢的音乐、设置闹钟、叫外卖、叫 Uber 出租车，与智能开关、智能灯具连接后，可以把你的整个家庭变成全声控的智能家居环境。

图 3.7　亚马逊公司的 Echo 智能音箱

对天才少年的一点建议

当然，目前这些人工智能系统还都处于比较初级的阶段，有时 Siri 或者 Echo 的回答会让你啼笑皆非，笔者也经常听到朋友逗这些语音助手取乐的故事。期待未来有更多的杰出人士投身这一领域，做出更智能更通人性的系统。如果你有家有个天才少年，笔者特别推荐一本深度学习方面的经典著作，由伊恩·古德费洛（Ian Goodfellow）、本吉奥、亚伦·库尔维尔（Aaron Courville）三位大师合作推出的

Deep Learning（《深度学习》），这本书的作者非常无私，将这本书的内容和相关资料都放在互联网上让大家免费学习，网址是 http://www.deeplearningbook.org 。

在本章的最后，如果要再给你家的天才少年送上一点建议，请允许笔者引述深度学习领域一位大师本吉奥（见图 3.8）与学生的一个对话。2014 年，本吉奥教授有一次在著名网络社区 Reddit 的机器学习板块参加了"Ask Me Anything"活动，回答了机器学习爱好者许多问题。

有一个学生问："我正在写本科论文，关于科学和逻辑的哲学方面。未来我想转到计算机系读硕士，然后攻读机器学习博士学位。除了恶补数学和编程以外，您觉得像我这样的人还需要做些什么来吸引教授的目光呢？"

本吉奥教授回答如下：

"1. 阅读深度学习论文和教程，从介绍性的文字开始，逐渐提高难度。记录阅读心得，定期总结所学知识。

2. 把学到的算法自己实现一下，从零开始，保证你理解了其中的数学。别光照着论文里看到的伪代码复制一遍，实现一些变种。

3. 用真实数据来测试这些算法，可以参加 Kaggle 竞赛。通过接触数据，你能学到很多。

4. 把你整个过程中的心得和结果写在博客上，跟领域内的专家联系，问问他们是否愿意接收你在他们的项目上远程合作，或者找一个实习。

5.找个深度学习实验室，申请。

这就是我建议的路线图，不知道是否足够清楚？"

图 3.8　本吉奥教授

献上笔者的祝福，并期待在未来的某一天，可以和你家的天才少年，或者和他／她开发的超级智能机器人相遇，也许在这个蓝色星球的某一片秀丽山河之间，也许在茫茫宇宙中飞行的太空飞船里……

第 4 章

从汇编语言到 TensorFlow，人工智能的开发语言和工具的演化

电影《超人》剧照

有不少历史学家认为，著名诗人拜伦（见图4.1）的女儿阿达·洛夫莱斯（Ada Lovelace，见图4.2）是世界上第一位程序设计师。伟大的计算机先驱查尔斯·巴贝奇（Charles Babbage，见图4.3）在19世纪30年代，设计了一台蒸汽机驱动的机械式通用计算机——分析机（Analytical Engine）。1842—1843年，阿达·洛夫莱斯花了9个月时间，翻译了意大利数学家路易吉·费德里科·米纳布里（Luigi Federico Menabrea，见图4.4）的论文《查尔斯·巴贝奇发明的分析机概论》（*Sketch of the Analytical Engine Invented by Charles Babbage*）。在论文之后，她增加了许多注记，其中详细说明了使用打孔卡片程序计算伯努利数的方法，这被认为是世界上的第一个计算机程序。因此，阿达·洛夫莱斯也被认为是世界上第一个程序员。顺便说一句，米纳布里后来成为意大利著名的将军和政治家，因为战功卓著，他先后被授予伯爵和侯爵爵位，并担任了意大利的第七任首相。

图 4.1　拜伦

图 4.2　阿达·洛夫莱斯

图 4.3　巴贝奇　　　　　　　　图 4.4　米纳布里侯爵

与更关心计算的巴贝奇相比，阿达·洛夫莱斯对计算机的未来有更多的想象，她曾经预言："这个机器未来可以用来排版、编曲或是各种更复杂的用途。"今天，阿达·洛夫莱斯的预言已经变成现实，全世界有无数的程序员和业余的编程爱好者，正在使用各种编程语言让计算机实现前人曾经梦想的一切，并使计算机变得越来越智能。本章将回顾计算机编程语言和开发工具的演化，重点会介绍在人工智能领域比较重要的语言和开发工具。

冯·诺依曼结构与汇编语言

1945 年 6 月，冯·诺依曼发布了划时代的《关于离散变量自动电子计算机的草案》（*First Draft of a Report on EDVAC*）。1946 年 6 月，他进一步发表了《电子计算机逻辑设计初探》。这两篇论文奠定了现代电子计算机的体系结构，被称为"冯·诺依曼结构"。根据冯·诺依曼体系结构，计算机硬件由运算器、控制器、存储器、输入设备和输出设备五大部分组成，采用存储程序的方式，程序由一系列指令构成，数据和指令一律用二进制数表示，计算机读入程序后按顺序执行每一条指令，如图 4.5 所示。计算机指令中的"循环"和"按条件跳转"等指令又保证了程序执行过程的灵活性。

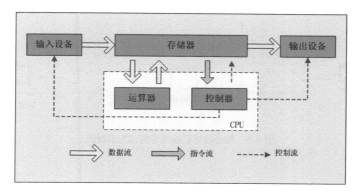

图 4.5 冯·诺依曼体系结构

直到今天，世界上的绝大多数计算机，仍然是采用"冯·诺依曼结构"的"存储程序通用电子计算机"。如果对应到今天的计算机，简单地说，CPU 对应于"运算器和控制器"，内存和硬盘对应于"存储器"，键盘和鼠标对应于"输入设备"，屏幕和扬声器对应于"输出设备"。在发展迅速的 IT 行业，"冯·诺依曼结构"至今已保持了 70 多年的生命力，让人不得不佩服冯·诺依曼深刻总结事物本质的天才能力。

最早期的程序设计通常使用机器语言。程序员们将用"0""1"数字编成的程序代码打在纸带或卡片上，"1"即打孔，"0"即不打孔，再将程序通过纸带机或卡片机输入计算机，进行运算。因为人们的大脑从小不习惯以"1000100111011000"这样的语言思考，计算机的先驱很快就创造了汇编语言，汇编语言将机器语言指令写成"Add AX,BX""Loop""End"这样人类易于阅读和思考的形式。（这三条汇编语句分别是"加法""循环"和"终止"语句。)实现语言之间转换的编译器（Compiler）可以将汇编指令编译成计算机可以执行的二进制代码（见图4.6）。

图 4.6　编译器将汇编指令转化为机器码

Lisp语言与Prolog语言

1958 年开始，后来被并称为"人工智能之父"的麦卡锡和明斯基在麻省理工学院组织了人工智能项目组，在人工智能这个新领域开始了卓有成效的探索。1960 年 4 月，麦卡锡在《ACM 通信》上发表了题为《递归函数的符号表达式以及由机器运算的方式》的论文。在这篇论文中麦卡锡介绍了他设计的 Lisp 语言。Lisp 是"List Processor"的缩写，意思是表处理语言。

和它的创造者麦卡锡一样，Lisp 是个性非常独特的语言，它和当时比较成功的 Fortran、Cobol 语言完全不同。麦卡锡原来的主要目标，是应用这样一种函数计算语言来研究图灵机的原理和阿隆佐·邱奇教授（Alonzo Church）的 Lambda 运算，并没有计划把它作为计算机的编程语言。但是在麻省理工学院当老师的好处就是手下总有几个天才学生，麦卡锡的学生史蒂芬·罗素（Steve Russell）根据他的论文，在 IBM 704 机上实现了第一个 Lisp 解释器，使得 Lisp 真正成为一个在计算机中可以运行的语言。史蒂芬·罗素在网络上的绰号是"蛞蝓"（Slug），他在电子游戏行业也是个先驱者，1961年，他和朋友利用PDP-1计算机，写出第一个电子游戏——*Spacewar!*。

Lisp语言推出之后，因为比起Fortran这类专注于科学计算的语言具备更强的符号处理能力，很快成为人工智能领域的重要语言。同时，Lisp中的递归、垃圾回收等创新机制，对后续的Java、Python等语言有很大的影响。

1972年，法国艾克斯－马赛大学（Aix-Marseille Université）的阿兰·科尔默劳尔（Alain Colmerauer）与菲利普·鲁塞尔（Phillipe Roussel）等人发布了Prolog语言，这是另一个在早期人工智能研究中较广泛使用的计算机编程语言。Prolog是Programming in Logic的缩写，它建立在逻辑学的理论基础之上，被广泛地应用于自然语言理解、专家系统、智能知识库等领域。相对来说，欧洲和日本的学者使用Prolog的比例更大一些，日本雄心勃勃的第五代计算机系统，也将Prolog语言作为主要的开发工具之一。

UNIX操作系统与C语言

在计算机语言的发展史上，也许C语言是影响力最大的语言，从C语言演化而来的C++、Object-C、C #，至今仍是很多软件产品的主要开发语言，C语言本身也经久不衰，仍是很多计算机系统的底层核心设计语言。C语言伴随着UNIX操作系统诞生，贝尔实验室的丹尼斯·里奇（Dennis Richie）和肯·汤普森这一对黄金搭档（见图4.7）合作开发了C语言和UNIX操作系统。1983年，他们共同获得了图灵奖。

图 4.7 黄金搭档肯·汤普森（左）和丹尼斯·里奇

汤普森，1943 年出生于新奥尔良，他的父亲是一名海军飞行员。汤普森从小喜欢组装各种无线电设备，后来进入加州大学伯克利分校学习电气工程。大学时，汤普森开始迷上了计算机编程，很快展露出这方面的天分，大学和研究生期间就开始受邀讲授自己选修的课程。毕业后，被伯克利的教授推荐到贝尔实验室工作。

里奇，1941 年出生于纽约州的布朗克斯维尔，他的父亲是贝尔实验室的电气工程师。里奇进入哈佛大学后，本科学习的是物理，博士学的是数学，不过他博士答辩后却没有去拿博士学位。1967 年，里奇加入贝尔实验室，和汤普森开始了几十年卓有成效的合作。

1969 年夏天，汤普森的妻子带着他们的儿子去加州探亲，要一个月才回来。在这一个月中，在里奇的帮助下，汤普森开始在一台过时的 PDP7 小型机上编写 UNIX，包括操作系统核心、外壳、编辑器和汇编程序 4 大部分，汤普森规定自己每周解决一个部分。硬件条件的限制反而确保了 UNIX 系统的精致、紧凑和简单，这为后来 UNIX 的流行打下了良好的基础。汤普森用汇编语言完成了 UNIX 的第一个版本，这也许是人类历史上拿汇编语言完成的最伟大的作品。

UNIX 诞生后，汤普森希望 UNIX 有自己的编程语言。1970 年，他在马丁·理查兹（Martin Richards）开发的 BCPL 语言基础上设计了 B 语言。1973 年，里奇在 B 语言的基础上设计了 C 语言。关于 C 语言，最经典的书籍是里奇与布瑞恩·克尼汉（Brian Kernihan）合著的《C 程序设计语言》，书的序言中写道："根据我们的经验，C 语言是一种令人愉快的、具有很强表达能力的通用语言，适合于编写各种程序。它容易学习，并且随着使用经验的增加，使用者会越来越感到得心应手。"C 语言的特点包括简洁的表达式、流行的控制流和数据结构、丰富的运算符集。C 语言性能出众，很适合用于操作系统、编译器等底层软件的编程，常被称为"系统编程语言"。后来里奇用 C 语言把 UNIX 重写了一遍，这也使得 UNIX 后来可以非常方便地移植到各种硬件之上。

UNIX 以开放源代码的方式，迅速从贝尔实验室开始向外传播，各大学和公司纷纷推出了自己的 UNIX 版本。今天，UNIX 的变种已经占据了从手机到巨型机的各个平台，智能手机上最流行的 Android 和苹果公司的 iOS 都是基于 UNIX 核心的操作系统。

从 C 语言演化出的语言中，C++ 是人工智能领域被广泛使用的语言，很多深度学习开源工具，比如 TensorFlow、Caffe 和微软公司的 CNTK 都支持 C++ 语言。苹果公司的 Object-C，是苹果公司系列产品 iPhone、iPad、Mac 上的主要编程语言。微软的 C#，是微软

Windows 平台上的核心编程语言。

汤普森和里奇也许可以算得上是史上最优秀的一批程序员了，因此，汤普森一段对话很值得今天无数渴望招募优秀程序员的老板们参考。

有人问："你如何发现有天赋的程序员？"

汤普森回答："只看他们的激情。你问他们做过的最有趣的程序是什么，然后让他们描述程序和它的算法，等等。如果他们经不住我的盘问，那么他们就不是好程序员……你可以感觉到他们是否有热情……我要求他们描述他们花费心血所做的东西。我从来没有遇到过花费心血做了事情的人不能热情洋溢地讲述自己做了什么，怎么做的，为什么要这么做。"

Python语言

你也许没有想到，目前在深度学习领域被广泛使用的 Python 语言，最早的起源是打发时间的一个业余项目。Python 的发明者是吉多·范罗苏姆（Guido van Rossum，见图 4.8），1956 年出生于荷兰。关于 Python 的起源，范罗苏姆在 1996 年写道："6 年前，在 1989 年 12 月，我在寻找一个'业余爱好'的编程项目来打发圣诞节前后的时间。我的办公室会关门，但我有一台家用电脑，而且手头没有太多其他的事。我决定为当时我正构思的一个新的脚本语言写一个解释器，它是 ABC 语言的后代，对 UNIX / C 程序员会有吸引力。在当时有点玩世不恭的心态下，作为一个蒙提·派森飞行马戏团 (Monty

Python's Flying Circus）的狂热爱好者，我选择了 Python 作为项目的标题。"

Python 的设计哲学是优雅、明确、简单，1999 年提姆·彼得斯（Tim Peters）写过一首小诗"Python 之禅"（*Zen of Python*），总结了 Python 语言的设计原则，诗的前 4 句翻译如下：

美优于丑	*Beautiful is better than ugly.*
清晰优于含蓄	*Explicit is better than implicit.*
简单优于复杂	*Simple is better than complex.*
复杂优于混乱	*Complex is better than complicated.*

有趣的是，你在 Python 语言的命令行中直接输入"import this"语句，系统就会返回这首小诗。这个"彩蛋"也可以从侧面反映出 Python 设计团队的生活情趣。

图 4.8　吉多·范罗苏姆

由于 Python 语言的简洁性、易读性以及可扩展性，加上开源社区的力量，基于 Python 的扩展库不断增加。比如，有 3 个十分经典的科学计算扩展库——NumPy、SciPy 和 matplotlib，它们分别为 Python 提供了矩阵运算、数值运算以及绘图功能。这些功能吸引了很多深度学习的开源工具，比如谷歌的 TensorFlow、蒙特利尔大学的 Theano、加州大学伯克利分校的 Caffe，都将 Python 列为它们的主要支持语言。

TensorFlow深度学习框架

TensorFlow 是谷歌在 2015 年 11 月发布的深度学习开源工具，Tensor（张量）意味着 N 维数组，Flow（流）意味着数据流图的运算，由杰夫·迪恩（Jeff Dean，见图 4.9）带领的谷歌大脑团队开发。即使在高手云集的谷歌，杰夫·迪恩也被看作软件工程师中的超级"大牛"。他出生于 1968 年，作为一个人类学家和流行病学家的儿子，在成长过程中几乎周游了整个世界，到过夏威夷、日内瓦、乌干达、索马里等地。读高中时，他编写了一个软件来分析流行病数据，据他说比当时的专业软件快 26 倍，这个软件后来被美国疾病控制中心采用并翻译成了 13 种语言。1999 年加入谷歌之后，他领导开发了很多项目，包括大数据领域著名的 MapReduce 和 BigTable。因为杰夫·迪恩实在太厉害了，谷歌公司内部流传着很多关于他有多厉害的笑话，比如："杰夫·迪恩的密码是圆周率的最后 4 位数字。""当杰夫·迪恩失眠时，他用 MapReduce 数羊群。"（MapReduce 是用于超大规模数据的并行运算，处理的数据量通常在 1000GB 以上。）

图 4.9　TensorFlow 开发团队的核心杰夫 · 迪恩

　　TensorFlow 的前身，是谷歌 2011 年开始内部使用的深度学习开发工具 DistBelief，DistBelief 在谷歌内部项目如搜索、翻译、地图和 YouTube 中已经取得了巨大的成功。在 TensorFlow 的开发过程中，深度学习的一代宗师辛顿教授也起到了非常关键的作用。

　　TensorFlow 的优势是支持异构设备的分布式计算，它可以在不同平台上自动运行模型，这些平台包括手机、单 CPU 的 PC 和成千上万个 CPU/GPU 组成的超大型分布式系统。TensorFlow 支持使用 Python 或 C++ 语言开发，发布之后迅速成为开源社区 GitHub 上最受欢迎的深度学习工具，同时也受到了学术界和工业界的广泛关注。Uber、Twitter、小米等许多公司都将 TensorFlow 列为人工智能的主要开发工具，学术界也将 TensorFlow 作为一种标准以便于学术交流。

　　TensorFlow 的另一个优势，是支持 Keras 这个简明易用的轻量级深度学习库。Keras 的作者是 Francois Chollet（见图 4.10），一位极有才华的谷歌工程师。Keras 基于 Python 语言提供简洁优雅的 API，用户把一些高级的模块拼在一起，就可以设计深层的神经网络，这可以大大降低编程的工作量和阅读代码的难度，非常适合于把深度

学习领域的设计想法转化为原型设计，并进行各种快速实验。Keras
可以运行在 TensorFlow 和 Theano 这两个基础平台上。

图 4.10　Keras 的作者 Francois Chollet

畅想未来："超级人工智能"可能使用的编程语言

人工智能热潮兴起的这几年，经常听到关于"弱人工智能""强人工智能""超级人工智能"的讨论，有时候因为概念不清晰，讨论比较难以深入。笔者试着来做一个"超级人工智能"（SuperAI) 的定义，姑且称为"刘韩测试"吧。

假设代号"AL001"的人工智能系统可以不需要人类的任何帮助，独立编程，开发出了代号"AL002"的人工智能系统，"AL002"继承了"AL001"的所有能力并在某些方面有所提高。为了量化地比较两者的能力，我们进行以下测试：以同样水平的硬件配置，在围棋、德州（得克萨斯）扑克、《星际争霸》游戏这三个竞技项目中，AL002 对

AL001 的胜率都在 60% 以上，并且在其中某两个竞技项目，AL002 可以战胜人类现役的世界冠军。那么，我们可以说，AL001 通过了"刘韩测试"，可以称为"超级人工智能"（SuperAI）。埃舍尔大师的作品（MONTECELIO）如图 4.11 所示，期待未来的"超级人工智能"系统可以创作出这样水准的作品。

图 4.11　埃舍尔大师的作品 MONTECELIO

简单地说，"超级人工智能"系统是可以独立编程，自我进化升级的系统。我们可以设想，AL002 会设计出比自己更聪明的 AL003，AL003 又会设计出更加厉害的 AL004，如此循环往复，不断升级，"超级人工智能"系统将在短短几年内达到人类智力难以想象的高度。笔者做个可能不太靠谱的预测吧：2038 年之前，第一个"超级人工智能系统"可以出现。

让我们来想一下，这样的"超级人工智能"系统会用什么编程语言和工具来写程序，走上自我进化之路呢？笔者猜测，"超级人工智能"系统的主体程序会采用 Python 加 TensorFlow 深度学习框架来写，核心部分需要高性能的代码会用 C、C++ 和汇编语言，与外部互联网网站、物联网设备的连接会采用 JavaScprit 和 Java 语言。当然，笔者也很期待看到，新一代的计算机天才或超级人工智能系统创造出更高效更优雅的新一代开发工具。

第 5 章

专家系统、知识图谱与人机对话，
各种人工智能软件系统

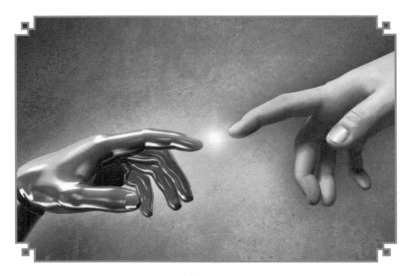

点亮人工智能的智慧

人工智能研究的核心，通常是开发各种像人类一样具有某种思考能力的软件，配合上电子计算机超高速的计算能力和超大的存储容量，支持人类完成各种任务。在本章中，我们将回顾人工智能历史上几个比较有代表意义的软件系统，以及研发这些软件的科学大师。

专家系统

　　在人工智能领域，专家系统是较早取得实际成果，并获得商业回报的分支领域。DENDRAL 系统是第一个成功投入使用的专家系统，1965 年由斯坦福大学开始研发，1968 年研制成功，它的作用是分析质谱仪的光谱，帮助化学家判定物质的分子结构。DENDRAL系统研发团队的核心是人工智能科学家爱德华·费根鲍姆（Edward Feigenbaum) 和遗传学家约书亚·莱德伯格（Joshua Lenderberg)，如图 5.1 所示。莱德伯格是美国顶尖的科学家，因发现细菌遗传物质及基因重组现象而获得 1958 年诺贝尔生理学和医学奖。

图 5.1　DENDRAL 开发团队，左三为费根鲍姆，左四为莱德伯格

费根鲍姆毕业于卡内基梅隆大学，是人工智能奠基者西蒙和纽厄尔的得意门生。费根鲍姆本科时的专业是电子工程学，他选修了西蒙教授的一门课程，名字叫作"社会科学中的数学模型"。根据费根鲍姆的回忆，1956 年 1 月，在圣诞假期之后的第一堂课上，西蒙教授兴冲冲地走进教室，对学生们说："在刚刚过去的这个圣诞节，我和纽厄尔发明了一台可以思考的机器！"（西蒙教授所说的是被称为"逻辑理论家"的程序，这是人工智能领域早期的重大成果。）学生们都完全蒙了，不能理解机器如何可以思考。为了解答学生们提出的问题，西蒙给大家派发了 IBM 701 大型机的使用手册，并鼓励大家亲自动手编写程序，这样他们就可以理解计算机可以怎样思考了。费根鲍姆后来回忆说："我把操作手册带回家，并一口气把它读完了。第二天天亮的时候，我感觉自己好像焕然一新，找到了毕生的努力方向。在当时还没有'计算机科学家'这样的职业，但是我却清楚地认识到自己真正想要做的事情。所以对我来说，下一步需要考虑的就是怎样去做这件事情。"费根鲍姆后来成为西蒙教授的博士生，毕生从事人工智能研究，并于 1994 年因在专家系统领域的贡献获得图灵奖。

简单地说，DENDRAL 系统采用 Lisp 语言开发，按功能可分为三部分。

（1）规划：利用质谱数据和化学家对质谱数据与分子构造关系的经验知识，对可能的分子结构形成若干约束条件。

（2）生成结构图：利用莱德伯格教授的算法，给出一些可能的分子结构，利用第一部分所生成的约束条件来控制这种可能性的展开，最后给出一个或几个可能的分子结构。

（3）利用化学家对质谱数据的知识，对第二部给出的结果进行检测、排队，最后给出分子结构图。

DENDRAL 后来成为化学家们常用的分析工具，被开发成商品软件投放市场。DENDRAL 的成功证明了计算机在特定的领域可以达到人类专家的水平，费根鲍姆总结了 DENDRAL 这个专家系统的成功经验，提出了"知识工程"的概念。知识工程的方法论，包含了对专家知识从获取、分析到用规则表达等一系列技术。

在 DENDRAL 之后，1976 年，斯坦福大学又开发了用于帮助医生诊断传染性血液病的 MYCIN 专家系统，MYCIN 系统的成功标志着人工智能进入医疗系统这一重要的应用领域。

另一个有名的专家系统是 20 世纪 70 年代由斯坦福研究院开发的用于矿产勘探的 PROSPECTOR。PROSPECTOR 的工作原理是，首先让作为用户方的勘探地质学家输入待检矿床的特征，如地质环境、结构、矿物质类型等。

程序将这些特征与矿床模型比较，必要时让用户提供更多信息。最后，系统对待检矿床做出结论。在勘探地质学领域，重要决策常常是在由于信息不完整或模糊而导致不确定性的情况下做出的。为了处理这类情况，PROSPECTOR 使用基于概率统计理论的"主观贝叶斯方法"在系统中处理不确定性，它的性能达到了专业地质学家的水平，并且在实践中得到了验证。1980 年，人们用 PROSPECTOR 系统识别出了华盛顿州托尔曼（Tolman）山脉附近的一个钼矿床，随后一个采矿公司对这个矿床开采时，证实这个矿床价值 1 亿美元。专家系统的商业价值从此更加受到各个行业的重视。

大百科全书项目

在人类社会，要实现一些较宏伟的目标，既需要专家，也需要一些跨学科的"通才"。在人工智能领域，随着各种专家系统软件的成功，人们开始试图构建类似人类通才那样具备多学科"常识"的系统。这方面最著名的项目，就是由道格拉斯·莱纳特（Douglas Lenat，见图 5.2）的领导开发的大百科全书（Cyc）项目。

图 5.2　道格拉斯·莱纳特

莱纳特博士毕业于斯坦福大学，得到过费根鲍姆、明斯基等大师的指导。作博士论文时，他利用启发式推理算法，开发了一款叫 AM 的程序，AM 的含义是"全自动数学家"，这款程序可以基于 300 多种数学概念，通过 200 多种启发式规则，提出各种数学方面的命题，然后进行各种计算和推理，来判定命题的真伪，思考问题的方式非常类似于人类的数学家。

1984 年，莱纳特在 MCC 公司总裁英曼的大力支持下，开始启动 Cyc 项目。1994 年，Cyc 项目从 MCC 公司独立出来，并以此为基础成立了 Cycorp 公司。Cyc 项目试图将人类的所有常识都输入一个计算机系统中，建立一个巨型数据库，并在此基础上实现知识推理。例如，Cyc 知识库中，包括了"每棵树都是植物""植物最终都会死亡"这样的常识，当有人提出"树是否会死亡"的问题时，推理引擎就可以正确回答该问题。Cyc 规模宏大，到 2016 年，Cyc 的知识库中，已经有超过 63 万个概念，关于这些概念的"常识"达到 700 万条以上。为了实现这个"大百科全书"系统，莱纳特带领了几十个研究助手，对从文学到音乐、从餐饮到体育的各种日常生活细节进行知识编码，还开发了称为 CycL 的专用编程语言。对各种领域的差异，莱纳特定义了一种"微型理论"(micro-theories) 的概念来管理。每个"微型理论"，是一些概念和"常识"的集合，对应于人类社会中的各种细分行业或领域，这样一些行业的"行话"或特殊的比喻，就可以在一定的"情境"中被定义规则，便于理解。

2002 年开始，Cycorp 公司发布了 OpenCyc 产品，将 Cyc 知识库的一部分提供给公众免费使用。2006 年，Cycorp 公司发布了 ResearchCyc 产品，这是面向科研社群发布的免费产品，除了 OpenCyc 中的知识库，ResearchCyc 还增加了许多语义知识，并且配备了英文解析与生成工具，以及用于编辑和查询知识的 Java 接口。

Cyc 项目被称为是"人工智能历史上最有争议的项目"之一。一方面，Cyc 项目方便了人们更好地获得和处理各种知识，也对如何应用"大百科全书"知识库进行了很好的探索；另一方面，Cyc 项目主要采取人工编码知识和规则的方式，项目实施时间长达几十年，耗费了巨大的人力物力，但最终产生的经济和社会效益相对有限。

谷歌知识图谱

2012 年 5 月，谷歌首次在它的搜索页面中引入知识图谱（Google Knowlege Graph）。用户使用谷歌搜索时，可以看到与查询词有关的更加完整的答案。比如，当用户输入"Da Vinci"（达·芬奇）这个查询词时，谷歌会在查询结果的最上方提供达·芬奇的详细信息，如个人简介、出生地点、父母姓名，列出达·芬奇的一些名画的图片，比如《蒙娜丽莎》《最后的晚餐》《岩间圣母》等，甚至还列出了一些与达·芬奇有关的历史人物，例如文艺复兴时期的重要画家米开朗琪罗、拉斐尔、波提切利等，如图 5.3 所示。如果点开《蒙娜丽莎》或者拉斐尔的链接，又可以看到关于这幅名画或者拉斐尔的详细信息。用户顺着知识图谱，就可以探索关于达·芬奇各种有趣的信息，也可以顺藤摸瓜，欣赏文艺复兴时期的其他艺术家的杰作。图 5.4 是达·芬奇名画《岩间圣母》。

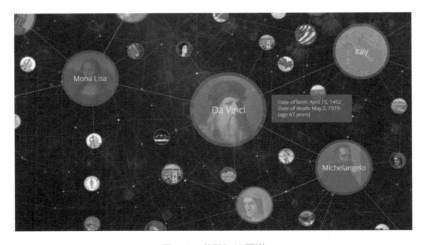

图 5.3　谷歌知识图谱

图 5.4　达·芬奇名画《岩间圣母》

　　要理解知识图谱，谷歌副总裁阿密特·辛格（Amit Singhal）博士的文章 *Introducing the Knowledge Graph: things, not strings* 最为经典，"things，not strings"的含义是：用户输入的关键词，其本质的含义是真实世界的实体，而非抽象的字符串。知识图谱，实际就是由"实体"相互连接而成的语义网络。例如，在知识图谱中，达·芬奇和《蒙娜丽莎》都是实体，《蒙娜丽莎》是达·芬奇的作品，因此这两个实体之间，有一个画家和作品之间的连接。

　　2012 年时，谷歌知识图谱就包含了 5 亿多个实体，实体的事实和实体关系的信息有 35 亿多条。2014 年，利用人工智能技术，Google

又开发了 Knowledge Vault 的知识库，它可以通过算法自动搜集网上信息，利用机器学习技术把网上信息自动变成可用知识。

利用知识图谱技术，谷歌大大优化了客户的搜索体验，同时，知识图谱的庞大知识库也可以和其他人工智能技术整合，比如实现准确的语音识别和机器翻译等。

人机对话软件

从图灵提出"图灵测试"开始，人机对话就是人工智能中一个备受瞩目的课题。早期最著名的人机对话软件，是 1966 年首次对外展示的"Eliza"，这是一款模拟心理治疗专家的人工智能软件，由麻省理工学院的计算机科学家约瑟夫·魏泽堡（Joseph Weizenbaum，见图5.5）和精神病学家肯尼斯·科尔比共同开发。魏泽堡和科尔比相识于1963 年，当时魏泽堡正在挑选自己的下一个重点研究项目，费根鲍姆介绍他认识了科尔比，科尔比希望用计算机来发明一种精神治疗的新方法，这次会面开启了两人的合作研发，Eliza 的成功使两人的学术生涯都上升到了新的高度。

图 5.5 约瑟夫·魏泽堡

Eliza 软件的命名是源于萧伯纳的讽刺戏剧《卖花女》，说的是希金斯教授如何改变一名贫苦卖花女 Eliza 的语音和外表，并使她最终成功被上流社会所认可的故事。1964 年，好莱坞出品了改编自《卖花女》的经典名片《窈窕淑女》（ *My Fair Lady* ），奥黛丽·赫本出演的女主角 Eliza 让影片闪耀着一种特别的光彩，如图 5.6 所示。

图 5.6　电影《窈窕淑女》中，奥黛丽·赫本出演的女主角 Eliza

从心理学上说，Eliza 程序的设计非常巧妙，它可以利用对话中的"关键词"很好地回应对方。以下这个真实对话的片段就可以说明 Eliza 的一些特点。

女士：每个人都一样。

Eliza：你具体指的是什么？

女士：他们总是拿各种无聊的事来打扰我。

Eliza：你能举个具体的例子吗？

女士：比如说我男朋友非让我来这里。

Eliza：是你的男朋友让你来这里的。

女士：他说我一天到晚都精神不振。

Eliza：听你这么说我很遗憾。

女士：但是他说的是事实，我一点都不开心。

Eliza：那你认为来到这里能让你开心一些吗？

女士：也许我确实需要一些帮助，所以来这里可能会对情况有一些改善。

Eliza：那么你所指的帮助主要是针对哪方面呢？

女士：也许我需要学习怎样才能和我妈妈和平相处。

Eliza：那多告诉我一些关于你家里的情况吧。

这段对话中 Eliza 的交流方式，非常符合人本主义心理学家卡尔·罗杰斯首创的"非指导性治疗"的心理疗法。很多人在与 Eliza 交流的过程中，都误认为自己是在和人类而不是一个电脑在交流。

Eliza 的成功，激发了更多的后来者努力开发更"聪明"的人机对话软件，今天苹果手机上的 Siri、亚马逊公司的 Alexa，都是新一代人机对话软件的杰作。而魏泽堡作为出生在德国、目睹过第二次世界大战的犹太人，却开始对人工智能的研究感到疑虑，他在 1976 年出版的《计算机能力和人类推理》一书中指出："计算机程序员在某种程度上是一种造物主，他需要为自己所缔造出的程序世界担负起应有的责任……这种程序往往有着不可估量的复杂程度……"

在人工智能技术日新月异的今天，魏泽堡这种负责任的想法更值得我们重视，希望在人工智能超越人类智慧的"奇点"来临之前，科学家能够明白如何"爱""仁""慈悲"注入计算机的"意识"。否则，就像 2017 年的科幻巨片《异形－契约》中描述的那样，"神"一样聪明而又失控的机器人，就有可能引发人类巨大的悲剧。

第 6 章

机器人，
电影与现实

米开朗基罗名画《创造亚当》

在人工智能的应用中，机器人始终是一个集大成的终极考验，人工智能的各个分支领域的成果，比如计算机视觉、自然语言处理、专家系统等，都可以完美地应用于机器人领域。不过到目前为止，现实中的机器人和电影中的相比，无论智商还是颜值，都相差甚远，以至于有人开玩笑说："所谓人工智能，就是让机器人试着做到电影里它们能做到的事。"

电影中的几个机器人

最早出现在电影中的机器人，是 1927 年电影《大都会》（Metropolis）中的女机器人 Maria，具备颇为前卫的法老王式造型，而且是个狡猾的坏机器人，她通过挑起有钱人和穷人之间的战争，试图毁灭人类。可见从一开始，人类就对机器人这个人造的新物种充满怀疑和戒心。

1968 年，库布里克导演推出了他的科幻电影杰作《2001 太空漫游》，如图 6.1 所示。影片中的"HAL 9000"是掌控宇宙飞船"发现者号"的人工智能电脑，拥有超强的计算能力和感知能力，当它发觉船长鲍曼和飞行员普尔怀疑它的行为并试图关闭它时，采取了先发制人的行动，企图杀死飞船上的所有人。虽然最终没有成功，但是"HAL 9000"的故事进一步提醒人们人工智能的双刃剑作用。

1977 年，卢卡斯导演（见图 6.2）开始推出伟大的《星球大战》系列电影，在一系列电影中，R2-D2 和 C-3PO 这一对机器人小伙伴，充当了幽默搞笑的重要角色，而机智勇敢的航天技工机器人 R2-D2，更被一些星战迷封为"R2 大神"，多次在关键时刻扭转乾坤，营救过主人公莱娅公主和卢克。图 6.3 是《星球大战》中的人物图谱，机器人 R2-D2 在图中部的左下方。R2-D2 和日本动画片中的铁臂阿童木，都代表了人们对机器人的美好想象。

图 6.1　库布里克导演的科幻电影杰作《2001 太空漫游》

图 6.2　卢卡斯导演在他的天行者庄园，他以无限的想象力创造了包罗万象的《星球大战》宇宙空间

图 6.3 《星球大战》中的人物图谱，机器人 R2-D2 在图中部的下方

在 1999 年开始上映的《黑客帝国》三部曲中，对人工智能的科幻水平已经发展到更高的阶段，被称为"矩阵"（Matrix）的超级人工智能电脑统治了整个世界，它为人类创造的"虚拟现实"是如此的真实，以至于绝大多数人完全意识不到一直生活在"虚拟世界"中。图 6.4 是《黑客帝国》剧照，男主角 NEO 正躺在可以进入虚拟世界的"矩阵"脑机接口设备上。《黑客帝国》的故事设定虚虚实实，从哲学的角度看，有点像《庄子》中庄周梦蝶的故事，又有点像《红楼梦》中贾宝玉梦游的"太虚幻境"。在《黑客帝国》三部曲之后，影片的导演和编剧沃卓斯基兄弟又找来了日本、韩国和美国动漫界的顶级导演，拍了 9 部基于《黑客帝国》设定的动画短片，这 9 部短片风格迥异、精彩纷呈，合称《黑客帝国动画版》（The Animatrix）。在这样多彩的视觉盛宴中，强烈推荐其中的第二个短片《机器的复兴》（The Second Renaissance）和最后一个短片《矩阵化》（Matriculated），这两个短片中探讨了人与机器人的关系，对人类的未来具有非常关键的意义。

图 6.4 《黑客帝国》剧照

阿西莫夫三定律

为了规范机器人的行为，科幻作家阿西莫夫于 1942 年提出了著名的"机器人学三定律"。

（1）机器人不能伤害人类，或者目睹人类个体将遭受危险而袖手旁观。

（2）机器人必须执行人类的命令，除非这些命令与第一条定律相抵触。

（3）机器人在不违背第一、二条定律的情况下要尽可能保护自己的生存。

1985 年，阿西莫夫出版了"机器人系列"的最后一部作品《机器人与帝国》，在这部书中他提出了凌驾于"机器人学三定律"之上的"第零定律"：机器人必须保护人类的整体利益不受伤害，其他三条定律都是在这一前提下才能成立。不过笔者个人认为"第零定律"虽然立意极好，但是"人类的整体利益"实在太过模糊，执行起来很难，也容易发生误判或被伪善的阴谋家利用。

工业机器人

在电影之外的现实世界，机器人在工业方面运用最广。20 世纪 50 年代，自学成才的发明家乔治·德沃尔（George Devol）从科幻小说中获取灵感，设计了能按照程序重复"抓"和"举"等精细工作的机械手臂。1954 年，德沃尔开始向美国政府申请专利，专利的名称是"可编程的用于移动物体的设备"（"Programmed Article Transfer"），1961 年获得专利权。

1956 年，在一次鸡尾酒会上，德沃尔遇到了约瑟夫·恩格尔伯格（Joseph Engelberger），攀谈中发现两人都喜欢阿西莫夫的机器人故事。德沃尔介绍的发明令恩格尔伯格激动不已，后来两人合作创立了世界上第一家机器人公司：Unimation。1959 年，世界上第一个机器人——尤尼梅特（Unimate）诞生。图 6.5 是德沃尔（左）、恩格尔伯格与尤尼梅特在酒吧的合影。1961 年，第一个尤尼梅特机器人被安装在通用汽车位于新泽西的一个工厂中，这个成本 6 万美元的庞然大物卖了 2.5 万美元，亏损 3.5 万美元。不过应用效果很好，后来被推广到了通用汽车在美国各地的工厂，之后其他汽车公司陆续跟进，也在汽车生产线引入了机器人。

图 6.5　德沃尔（左）、恩格尔伯格与尤尼梅特

恩格尔伯格作为 Unimation 公司的总裁，一直不遗余力地宣传和推广机器人的应用。1966 年，恩格尔伯格带着尤尼梅特机器人上了美国最热门的晚间电视节目《今夜秀》，让它对着全美观众表演高尔夫球推杆、倒啤酒、指挥乐队等有趣动作。从此，恩格尔伯格一举成名，后来被称为"工业机器人之父"。

从 20 世纪 70 年代开始，除了美国，日本和欧洲的机器人工业也快速发展。根据国际机器人联合会（International Federation of Robotics，IFR）发布的 2012 年世界机器人研究报告，到 2011 年年底，已有超过 100 万个工业机器人在世界各地的工厂中服务。

移动机器人

第一个通用的移动机器人，叫 Shakey（见图 6.6），于 1966 年到 1972 年间，由美国斯坦福研究所研制，项目领导者是查理·罗森

（Charlie Rosen）。Shakey 是首台全面应用了人工智能技术的移动机器人，能够自主进行感知、环境建模、行为规划并执行任务（如寻找木箱并将其推到指定的位置）。它装备了电子摄像机、三角测距仪、碰撞传感器以及驱动电机，并通过无线通信系统由两台计算机控制。当时的计算机运算速度非常缓慢，导致 Shakey 往往需要数小时的时间来感知和分析环境，并规划行动路径。虽然今天看起来 Shakey 简单而又笨拙，但 Shakey 实现过程中获得的成果影响了很多后续的研究。

图 6.6　移动机器人 Shakey

在仿人机器人方面，日本走在世界前列。1973 年，日本早稻田大学的加藤一郎教授研发出第一台以双脚走路的机器人 WABOT-1，加藤一郎后来被誉为"仿人机器人之父"。日本很多大企业也热情投入仿人机器人和娱乐机器人的开发，比较著名的产品有本田公司的仿人机器人 ASIMO（见图 6.7）和索尼公司的机器宠物狗 AIBO。

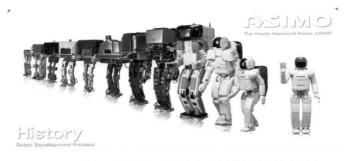

图6.7　人形机器人的演化，最右为本田公司的 ASIMO 机器人

自1998 年起，丹麦乐高公司推出"头脑风暴"（MindStorms）机器人套件（见图 6.8），使用套件中的机器人核心控制模块、电机和传感器，孩子们可以设计各种像人、像狗甚至像恐龙的机器人，然后动手像搭积木一样把它拼装出来，并且通过简单编程让机器人做各种动作。这一充满创意的产品使机器人开始走入孩子们的世界。

图6.8　丹麦乐高公司的"头脑风暴"机器人

近年来，软银旗下的 Boston Dynamics 公司推出了多款引人注目的机器人，2017 年的一款名为 Handle 的双足机器人，像是一个踩着轮滑鞋的明星运动员，可以跳跃飞过 1.2 米的障碍物，可以下台阶和快速旋转身体，速度惊人。Boston Dynamics 公司还生

产机器大狗（BigDog，见图6.9）、机器豹子（Cheetah）、机器野猫（WildCat）以及双足机器人（Atlas）等产品，在网上可以看到不少这些机器人的视频，非常有趣。看着这些视频里的机器怪兽，让笔者不由得想起了《三国演义》里诸葛亮"制造木牛流马运送粮草"的故事，诸葛亮发明的木牛流马，也许可以算得上这些机器大狗、机器野猫的精神祖先了。

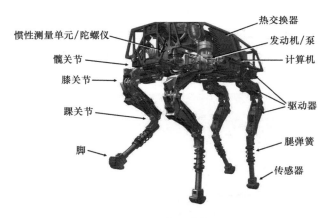

惯性测量单元/陀螺仪
髋关节
膝关节
踝关节
脚
热交换器
发动机/泵
计算机
驱动器
腿弹簧
传感器

图6.9 机器大狗

电影与现实中的"钢铁侠"

2008年，改编自漫威动画的美国大片《钢铁侠》风靡全球。片中主角托尼·斯塔克（Tony Stark）身着高科技铁甲，上天入地，保卫地球，如图6.10所示。协助斯塔克的智能机器人JARVIS也超级聪明能干，和美丽又能干的女助理"小辣椒"一起成为斯塔克的左膀右臂。在幕后，《钢铁侠》的故事在现实和电影中的来回映射也非常有趣，据创作《钢铁侠》漫画的斯坦·李（Stan Lee）介绍，"钢铁侠"的原型人物是出生于 1905 年的美国著名企业家霍华德·休斯（Howard Hughes），曾经在电影《飞行家》中出演休斯的著名影星迪卡普里奥这么评价过他："霍华德·休斯的一生，是我所看到最跌宕起伏、离奇诡异的。他什么都经历过了，与母亲之间的关系、与健康的斗争、受强迫症困扰、成为飞行冠军、成为美国首位亿万富翁、转向好莱坞、成为与电影体制对着干的制片人、与大财团和垄断者抗争，甚至与参议员反目。他从来不能和一个女人天长地久，因为他总是不自觉地把面前的女人看成是他的飞机，他始终希望能有飞得更快、更平滑的飞机，还要有更大的涡轮。"图 6.11 是电影《飞行家》剧照。

图 6.10　电影《钢铁侠》剧照

图 6.11　电影《飞行家》剧照

　　近年来，新一代企业家中的佼佼者伊隆·马斯克（Elon Musk，见图 6.12），也开始被很多人称为现实版的"钢铁侠"。马斯克，1971年出生于南非。10 岁时，马斯克开始自学软件编程，12 岁时，他成功设计出一款名叫 Blastar 的游戏，并以 500 美元的价格卖出，从小就展现了工程师和商人的双重才华。1995 年，马斯克毕业于美国宾夕法尼亚大学，拿到物理学和经济学的本科双学位，进入斯坦福大学攻读应用物理的博士学位。但是没过多久，他便着迷于硅谷的创业氛围，于是申请退学开始创业。

　　马斯克创业的第一步是和他弟弟金博尔·马斯克（Kimbal Musk）合伙创立了 Zip2 公司，可以用来帮助企业发布商品信息和地图位置，后来以 3 亿美元卖给了 Compaq 公司。马斯克接着创立了电子支付公司 X.com，与彼得·蒂尔（Peter Thiel）等人创立的 Confinity 公司合并之后，新公司取名 Paypal。2002 年，Ebay 以 15 亿美元收购了

Paypal，马斯克分到 1.8 亿美元，开始更加大胆地投资于他改变世界的梦想：移民火星和清洁能源。

图 6.12　现实版钢铁侠马斯克

2002 年 6 月，为了帮助人类实现移民火星的梦想，马斯克成立了他的第三家公司 SpaceX，并兼任 CEO 和 CTO。经过多次失败之后，SpaceX 终于成功发射了可以重复使用的"猎鹰九号"火箭和航天飞机"龙飞船"。火箭的重复使用，极大地降低了航天事业的成本。

2004 年，马斯克又投资了专注纯电动汽车的特斯拉汽车公司。在马斯克的领导下，特斯拉公司建设了号称全球最智能的全自动化生产工厂，在工厂的冲压生产线、车身中心、烤漆中心与组装中心，这四大制造环节总共有超过 150 台机器人参与工作。在这些车间，机器人可以互相无缝衔接，配合工作，以至于车间里很少能看到工人。2016 年 11 月，特斯拉汽车宣布收购德国自动化生产公司（Grohmann Engineering），计划进一步提升生产线的自动化水平。2017 年 4 月，特斯拉公司的市值达到 500 亿美元，一度超过了百年老店通用汽车和福特汽车。令人费解的是，在 2016 年，特斯拉在全球仅交付了不到 8 万辆汽车，而通用汽车则超过了 1000 万辆。有一种说法是，通用和福特股价偏低，是因为大量退休工人的养老金导致企业未来盈利非常不乐观。如果特斯拉公司在未来几年继续保持上升势头的话，相信大量使用机器人的全自动化工厂将在更多的行业得到推广。

在人工智能领域，马斯克和物理学家霍金都是比较有名的"人工智能威胁论"的呼吁者。马斯克曾公开表示："如果让我猜对人类最大的生存威胁，我认为可能是人工智能。因此，我们需要对人工智能保持万分警惕，研究人工智能如同在召唤恶魔。"不过看马斯克的实际行为，还是在积极投资人工智能的相关研究。

2015 年，马斯克联合了著名投资人彼得·蒂尔、Y Combinator 总裁萨姆·阿尔特曼等硅谷大亨，投资 10 亿美元共同创建了人工智能非营利组织 OpenAI。OpenAI 招募了不少人工智能领域的优秀人才，研究目标包括制造"通用"机器人和使用自然语言的聊天机器人。OpenAI 将把人工智能领域的研究结果开放地分享给全世界，虽然超级人工智能可能会源于 OpenAI 创造的技术，但是马斯克和他的朋友们坚持认为，因为 OpenAI 开发的技术是开源的，所有人都可以用的，这样就能减轻超级智能可能会带来的威胁。

马斯克的另一个重要行动是 2016 年投资成立了 Neuralink 公司，目前关于这家公司的公开资料还不多，具体产品和研究方向都非常神秘。据媒体报道，Neuralink 公司将致力于所谓"神经蕾丝"（"Neural Lace"）技术的开发，将微小的脑部电极植入人体，并希望未来有朝一日能够实现对人类思维的上传和下载。这听起来和电影《阿凡达》中，男主人公直接通过"神经链接"驾驭巨型飞鸟翱翔天际的科幻情景非常相像，如图 6.13 所示。马斯克在一次会议上曾经提到："设想人工智能的进步速度，很显然人类将会被甩在后面。唯一的解决方案就是建立一种'直接皮质界面'，在人类大脑中植入芯片——你可以将其理解为植入人类大脑内部的人工智能，通过这种方式来大幅度提升人类大脑的功能。"马斯克认为 Neuralink 公司承载了他希望通过植入人脑芯片实现人类与电脑"共生"的梦想，如图 6.14 所示。

图 6.13　电影《阿凡达》剧照，男主角与巨鸟之间有"神经链接"

图 6.14　Neuralink 公司，承载马斯克的人机"共生"梦想

关于"钢铁侠"与马斯克，说了很多，然而笔者相信这个故事的未来会更加精彩。在不远的将来，希望马斯克和更多的天才科学家，能整合好各种资源，在地球上造出"变形金刚"那么聪明的汽车机器人，在去往火星的飞船上，宇航员能够有像 R2-D2 那么聪明可爱的航天机器人陪伴，人类与机器人"共生"的愿景能够顺利实现。更重要的是，每个人可以在物质和精神上可以得到充分满足，再也不需要"钢铁侠"那样的超级英雄出来对抗罪恶，拯救世界。

第 7 章

数学家的贡献，
从牛顿到哥德尔

埃舍尔的版画《瀑布》，画中周而复始的水流，象征着"怪圈"

艾萨克·牛顿（Isaac Newton）在剑桥大学时的数学老师艾萨克·巴罗（Isaac Barrow）有一句名言："数学，是科学不可撼动的基础，是人类事务丰富的利益之源。"人工智能领域的研究，从诞生开始，就得益于数学、神经科学、心理学和语言学等基础学科，其中数学是对人工智能影响最大的基础学科。在本章中，我们将回顾对人工智能有较大影响的数学思想和理论，以及创造这些理论的科学家，涉及微积分、概率论、数论和数理逻辑等领域。

牛顿

许多杰出的数学家在 17 世纪取得了辉煌的成就，所以英国哲学家怀特海把 17 世纪称为"天才的世纪"。在闪耀的群星中，分别独立发明微积分的牛顿和戈特弗里德·威廉·莱布尼茨（Gottfried Wilhelm Leibniz）也许是其中最耀眼的天才。

1637 年，法国哲学家笛卡儿在他的哲学著作《方法论》中，以附录的形式发表了《几何学》，其中包含了他创立的解析几何的核心原理，即解析几何的基础是平面直角坐标系。直角坐标系在代数和几何之间架起了一座桥梁，它使几何概念可以用代数形式来表示，几何图形也可以用代数形式来表示。笛卡儿的这一成就为微积分的创立奠定了基础。

1643 年 1 月 4 日，牛顿（见图 7.1）出生于英格兰林肯郡乡下的伍尔索普村。牛顿出生时，英格兰采用的仍然是儒略历，比我们现在通用的格里高利历要差 10 天，在儒略历中，他的生日是 1642 年的圣诞节。牛顿从小喜欢读书并喜欢制作各种机械模型，比如风车、水钟和日暑。1665 年，从剑桥大学毕业后，牛顿回家乡林肯郡躲避鼠疫，待了两年。正是在这两年的清静时光中，牛顿取得了微积分和万有引力定律的伟大突破。牛顿将微积分称为"流数法"，并将微积分完美地应用于物理学中。在 1688 年发表的巨著《自然哲学的数学原理》中，牛顿用简洁的数学公式描述了万有引力定律和三大运动定律，从而奠定了经典物理学的基础。

图 7.1　牛顿

除了在数学和物理学上的巨大贡献，牛顿在科学研究方法论上也贡献良多。在《自然哲学的数学原理》中，牛顿写道："在自然科学里，应该像在数学里一样，在研究困难的事物时，总是应当先用分析的方法，然后才用综合的方法……一般来说，从结果到原因，从特殊原因到普遍原因，一直论证到最普遍的原因为止，这就是分析的方法；而综合的方法则假定原因已找到，并且已经把它们定为原理，再用这些原理去解释由它们发生的现象，并证明这些解释的正确性。"这一套科学的分析和综合的方法，配合上微积分这一强大的数学工具，通过"微分"实现从整体到部分的分析，"积分"实现从部分到整体的综合，为各个学科的科学研究都打下了坚实的基础。

微积分这一伟大的数学成果，深刻地反映了现实世界运行的本质，因此用途极广，在人工智能领域也被广泛使用。比如，在目前人工智能研究最火热的深度学习方向，其中最核心的反向传播算法，其数学基础仍然是微积分中的导数和收敛等概念。

莱布尼茨

莱布尼茨（见图 7.2），1646 年 7 月 1 日出生于德国的东部名城莱比锡，他的父亲是莱比锡大学的伦理学教授，在莱布尼茨 6 岁时去世，留下了一个私人的图书馆。莱布尼茨从小就很聪慧，12 岁时自学拉丁文，大量阅读了父亲私人图书馆中的拉丁文古典著作。14 岁时，莱布尼茨进入莱比锡大学攻读法律，20 岁时他递交了一篇出色的博士论文，因为年纪太轻被拒（黑格尔认为是学识过于渊博的原因），第二年纽伦堡的一所大学授予他博士学位。

图 7.2　莱布尼茨

莱布尼茨是历史上少见的通才，获誉为 17 世纪的亚里士多德，著名的哲学家罗素称赞他为"千古绝伦的大智者"。莱布尼茨最大的成就在哲学和数学方面，但他却不是一个职业学者，他经常以法律顾问或幕僚的身份为德意志贵族服务，往返于欧洲各大城市。他发现的许多数学公式都是在颠簸的马车上完成的，其中最优美的是他在伦敦旅行期间发现的圆周率的无穷级数表达式。

$$\frac{1}{1} - \frac{1}{3} + \frac{1}{5} - \frac{1}{7} + \cdots = \frac{\pi}{4}$$

在微积分的发明权归属方面，现在历史学家的共识是牛顿和莱布尼茨分别独立发明了微积分。莱布尼茨发明的时间晚，但发表在先（于 1684 年和 1686 年）。在微积分的表达形式方面，莱布尼茨花了很多精力去选择巧妙的记号，现代教科书中的积分符号"∫"和微分符号"dx"都是莱布尼茨发明的。

莱布尼茨有两个贡献深远地影响了后来的计算机科学。首先，莱布尼茨改进了布莱兹·帕斯卡（Blaise Pascal）的加法器，实现了可以计算乘法、除法和开方的机械计算机，这对后来的计算机先驱巴贝奇有很大的启发作用。更重要的是，他发现了二进制，二进制使得所有的整数都可以用简单的 0 和 1 两个数来表示，最终使得电子计算机中数字的存储和运算被大大简化。有趣的是，莱布尼茨后来看到中国《易经》中的六十四卦（见图 7.3），他相信中国古人已经在其中巧妙地藏匿了二进制的奥秘。那一刻，也许莱布尼茨会有一种穿越时空，和 2800 年前创造《周易》的周文王姬昌心心相印的感觉吧。

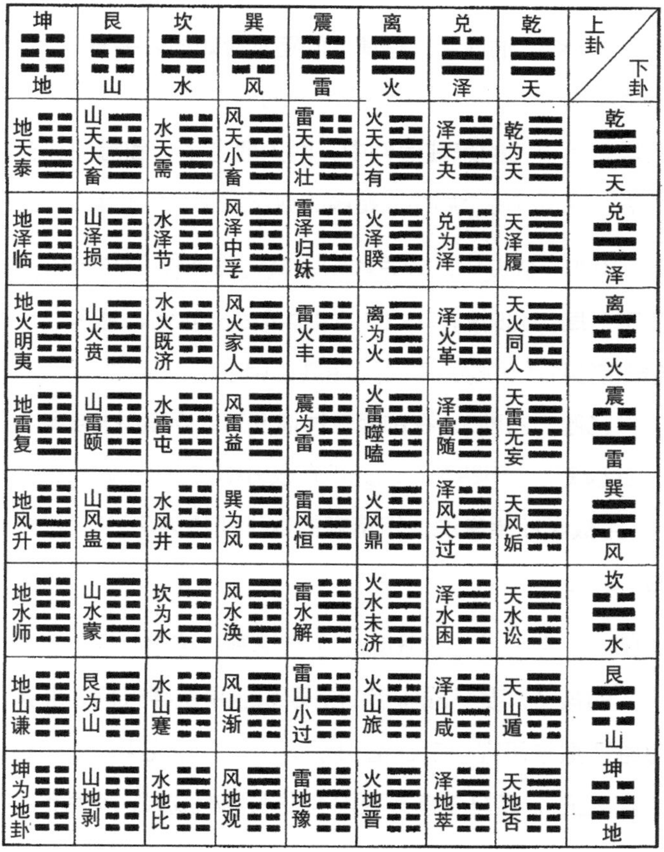

坤地	艮山	坎水	巽风	震雷	离火	兑泽	乾天	上卦／下卦
地天泰	山天大畜	水天需	风天小畜	雷天大壮	火天大有	泽天夬	乾为天	乾天
地泽临	山泽损	水泽节	风泽中孚	雷泽归妹	火泽睽	兑为泽	天泽履	兑泽
地火明夷	山火贲	水火既济	风火家人	雷火丰	离为火	泽火革	天火同人	离火
地雷复	山雷颐	水雷屯	风雷益	震为雷	火雷噬嗑	泽雷随	天雷无妄	震雷
地风升	山风蛊	水风井	巽为风	雷风恒	火风鼎	泽风大过	天风姤	巽风
地水师	山水蒙	坎为水	风水涣	雷水解	火水未济	泽水困	天水讼	坎水
地山谦	艮为山	水山蹇	风山渐	雷山小过	火山旅	泽山咸	天山遁	艮山
坤为地卦	山地剥	水地比	风地观	雷地豫	火地晋	泽地萃	天地否	坤地

图 7.3　周易六十四卦

费马

　　很多历史学家认为，概率论最早的起源来自于两位数学天才帕斯卡和皮埃尔·德·费马（Pierre de Fermat）的通信。1654 年，帕斯卡的好友，法国骑士德·梅雷向他提出了一个问题：“两个赌徒相约赌若干局，谁先赢 s 局则赢得赌本。若当一人赢了 a 局（ $a<s$ ），另一人赢 b 局（ $b<s$ ）时，中止赌博，问赌本应如何公平分配？"帕斯卡开始认真思考这个问题，并在给费尔马的信件中提到了这个问题。在这一段数学史上有名的来往信件中，两人取得了一致意见：在被迫停止的赌博中，应当按每个局中人赌赢的数学期望来分配桌面上的赌注。

举例说明，假设甲乙双方约定先赢三局为胜，假设甲已赢了两局，乙已赢了一局，此时赌博中止。如果要分出胜负，最多还需要再玩两局，结果有四种等可能的情况：（甲胜，甲胜），（甲胜，乙胜），（乙胜，甲胜），（乙胜，乙胜）。在前面三种情况下，甲赢得全部赌金，仅第四种情况使乙获得全部赌金。因此甲有权分得赌金的 3/4，而乙应分赌金的 1/4。用数学期望来说，甲赌赢的数学期望为 75%，乙赌赢的数学期望为 25%。

1601 年，费马生于法国南部小镇博蒙·德洛马涅，是一个富有的皮革商人的孩子。费马成年后的主要职业是法律顾问，业余时间几乎全部献给了数学研究，在数论和概率论等方面成果卓著，被誉为"业余数学家之王"。费马生前一直没有发表他的成果，幸亏他的长子克莱蒙意识到父亲业余研究成果的重要价值，花了 5 年时间整理了父亲写在书页间的评注，1670 年最终出版了《附有皮埃尔·德·费马评注的丢番图的算术》一书，费马的伟大贡献才没有被湮没。

费马最著名的成果是费马大定理：当整数 $n>2$ 时，关于 x、y、z 的方程 $x^n+y^n=z^n$ 没有正整数解，如图 7.4 所示。费马把这个数论命题写在古希腊数学家丢番图的著作《算术》一书的空白处，在这个评注后面又加了一句："对此命题我有一个非常美妙的证明，可惜此处的空白太小，写不下来。"此后的 300 多年，无数的数学家前仆后继，试图证明这一难题，在这个漫漫征途中，又催化出了"理想数""莫德尔猜想""谷山－志村猜想"等许多数学成果，有数学家甚至将费马大定理比作"下金蛋的鸡"。1995 年，英国著名数学家安德鲁·怀尔斯（Andrew Wiles）在他以前的博士生理查德·泰勒的帮助下，基于无数前辈的工作，完成了最终的证明，论文的题目是《模椭圆曲线和费马大定理》（*Modular elliptic curves and Fermat's Last Theorem*）。

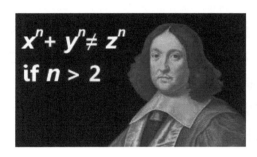

图 7.4　费马及费马大定理

和费马大定理相似，人工智能特别是所谓"强人工智能"的研究，也不断推动着计算机科学、认知科学等多个学科的发展，也可以被称为"下金蛋的鸡"，未来 20 年，可以期待有更多的精彩成果出现。

贝叶斯定理与贝叶斯网络

概率论作为数学领域的重要学科，欧拉、高斯、拉普拉斯等著名的数学大师都做出了重大贡献，在人工智能领域应用最多的也许是基于贝叶斯定理的贝叶斯网络。贝叶斯定理的发现者是英国牧师托马斯·贝叶斯（Thomas Bayes），他出生于 1702 年，为人非常谦虚低

调，同时代的人都相信他是一个杰出的数学家，擅长微积分，对他其他方面的学术研究所知甚少。1761 年贝叶斯去世后，他的家人找了另一位牧师理查德·普赖斯（Richard Price) 来研究他未发表的数学文章，普赖斯在一篇题为《论机会游戏中的一个问题》(*An Essay towards Solving a Problem in the Doctrine of Chances*) 的文章中，看到了其中阐述的贝叶斯定理的重要性，帮助发表了这篇文章，并且努力宣传了贝叶斯的思想，才使这一杰出的数学发现没有被湮没。贝叶斯定理描述的是两个条件概率之间的关系，计算公式为：$P(B|A) = P(A|B) \cdot P(B) / P(A)$，其中 $P(B|A)$ 指的是 A 事件发生的情况下 B 事件发生的可能性，如图 7.5 所示。利用贝叶斯定理，我们可以把各种对世界的模型看作科学假设，将数据作为论据，随着我们观测到的数据越来越多，其中某些模型成立的可能性就越来越大，最终有可能淘汰绝大多数的模型，找出理想的模型来说明世界的运行规律。

图 7.5 贝叶斯及贝叶斯定理

1988 年，朱迪·珀尔（Judea Pearl) 教授将贝叶斯定理引入人工智能领域，发明了贝叶斯网络，这种基于概率的机器推理模型使计算机能在复杂的、模糊的和不确定性的环境下工作，在很多情况下，贝叶斯网络的实用效果都优于此前完全基于规则的人工智能方法。贝叶斯网络在自然语言处理、故障诊断、语音识别等许多领域得到了广泛的运用，珀尔教授也因此获得 2011 年度的图灵奖，成为又一位荣获图灵奖的人工智能学者。在今天这样一个物联网不断进入各行各业的新时代，智能家居、自动驾驶汽车、智能手机、智慧城市中无数的传感器每时每刻都在产生亿万级的数据，基于贝叶斯网络、马尔科夫链等统计数学模型的人工智能算法必将取得更丰硕的应用成果。

数理逻辑的演化

1815 年，乔治·布尔出生于英国东部的林肯镇，父亲是个补鞋匠。因家庭经济困难，布尔没有机会接受正规的教育，但聪明又勤奋的小布尔自学成才，16 岁就开始当教师补贴家用，19 岁时创办了自己的学校，从此挑起了整个家庭的经济重担。1847 年，布尔出版了《逻辑的数学分析》，这本小书首次提出了布尔代数，把逻辑学带入了数理逻辑的时代。1854 年，布尔出版了他的经典著作《思维规律的研究》(*An Investigation of the Laws of Thought*，见图 7.6)，更系统地阐述了布尔代数。布尔代数采用数学方法研究逻辑问题，成功地建立了逻辑演算的符号系统。例如，以 x 表示"白的东西"，y 表示"绵羊"，xy 则表示 x 集合与 y 集合的交集，即"白绵羊"。同时，可将真命题取作"1"值，假命题取作"0"值，这样，复杂的命题通过布尔代数的计算过程，就可以求得它为真值还是假值。布尔代数通过它与逻辑电路的完美对应关系，在现代电子计算机中得到了广泛的应用。

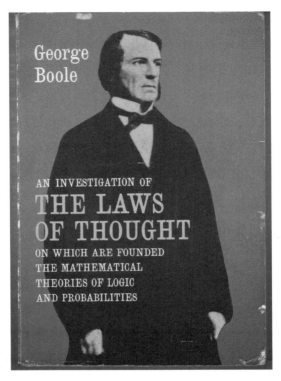

图 7.6　布尔的经典著作《思维规律的研究》

1848 年，另一位重要的逻辑学家弗里德里希 · 路德维希 · 戈特洛布 · 弗雷格（Friedrich Ludwig Gottlob Frege，见图 7.7）出生于德国北部的海港城市维斯马（Wismar），1873 年博士毕业后，弗雷格一直在母校耶拿大学任教，直到退休。1879 年，弗雷格出版了《概念文字》（Begriffsschrift），书的副标题是"一种模仿算术语言构造的纯思维的形式语言"。1884 年，弗雷格出版了他的另一部杰作《算术基础》。在这两部重要著作中，弗雷格进一步扩大数理逻辑学的内容，创造了"量化"逻辑，例如，"∀"称为全称量词，意味着"对于所有"，"∃"称为存在量词，意味着"存在着"，"每个人都会爱上某人"这句话，用逻辑语言可以写成"∀ x ∃ y Loves(x,y)"。弗雷格的创新思想，对现代的分析哲学和语言学，产生了极其重要的推动作用，也对今天的计算机程序设计语言，有着深远的影响。

图 7.7　弗雷格

在弗雷格之后，来自英国剑桥大学的一批精英学者，包括怀特海、罗素、摩尔和维特根斯坦等人，继续推动着数理逻辑学的发展，其中，长寿而又兼备文学才华的罗素影响范围最广。罗素（见图 7.8），出生于 1872 年，逝于 1970 年，经历过两次世界大战，目睹了大英帝国从巅峰向下的没落，也见证了计算机科学和人工智能的孕育和诞生。罗素出生于英国的贵族家庭，祖父约翰·罗素勋爵在 19 世纪 40 年代曾两次出任英国首相。罗素在 2 岁和 4 岁时相继失去了母亲和父亲，由祖父母抚养长大。1910 年至 1913 年，罗素和他的老师怀特海一起出版了三卷本的《数学原理》（*Principia Mathematica*），为了完成这一部巨著，他们辛勤工作了整整 9 年。《数学原理》试图表明：所有的数学真理，在一组数理逻辑内的公理和推理规则下，原则上都是可以证明的。这一雄心勃勃的宏伟设想，后来被库尔特·哥德尔（Kurt Gödel）发表的"哥德尔不完备性定理"证明是不可能实现的。

图 7.8　罗素

罗素和怀特海的《数学原理》启发了很多天才人物，与沃伦·麦卡洛克一起发明了 MP 神经元模型的沃尔特·皮茨，就曾经在 12 岁时苦读《数学原理》，还写信给罗素讨论他发现的问题，得到了罗素的极大赞赏并邀请他到剑桥大学读书。15 岁时，沃尔特·皮茨离开家乡，到芝加哥大学去听罗素的讲座，逐步结识了鲁道夫·卡尔纳普（Rudolf Carnap）、杰罗姆·莱特温（Jerome Lettvin）、沃伦·麦卡洛克等人，最终创造了一个未受过正规教育的穷孩子成长为一个逻辑学家的传奇。他和沃伦·麦卡洛克一起发明的 MP 神经元模型，也成为人工智能中通过神经网络实现深度学习的理论基础。

罗素最受欢迎的著作是《西方哲学史》，这本哲学史著作写得幽默而又清晰简洁，同时又加入了作者本人作为大哲学家的真知灼见。

1950 年，罗素获得诺贝尔文学奖。颁奖词对他的介绍是："他一生著述甚丰，涵盖极广。他论及人类知识和数理逻辑的科学著作具有划时代意义，堪与牛顿的机械原理媲美……在诺贝尔基金会设立 50 周年之际，瑞典学院相信自己正是按照诺贝尔设奖的精神把这份荣誉授予伯特兰·罗素，当代的理性和人道主义的杰出代言人，西方世界的言论自由和思想自由的无畏战士。"

哥德尔

哥德尔（见图 7.9），1906 年生于奥匈帝国的布尔诺（Brno)，1924 年开始在维也纳大学攻读物理，后来转到了数学系，1930 年获博士学位。受他的老师逻辑学家莫里茨·石里克（Moritz Schlick) 的影响，他开始参加维也纳学派的活动，与石里克、卡尔纳普等哲学大师一起讨论科学理论、客观存在和真理之间的关系。哥德尔一生发表的论著不多，1931 年，一篇石破天惊的论文《〈数学原理〉及有关系统中的形式不可判定命题》发表。在论文中他证明了"哥德尔不完全性定理"，即数论的所有一致的公理化形式系统，都包含有不可判定的命题。也就是说，在数论的公理化形式系统中，总可以找出一个合理的命题来，在该系统中既无法证明它为真，也无法证明它为假。这篇论文对当时的数学家、逻辑学家和哲学家产生了震撼性的影响，可以说是 20 世纪在逻辑学和数学基础方面最重要的一篇论文，当时另一位极有才华的数学家冯·诺依曼评价说："哥德尔在现代逻辑中的成就是非凡的、不朽的——他的不朽甚至超过了纪念碑，他是一个里程碑，是永存的纪念碑。"

图 7.9　哥德尔

　　关于哥德尔的贡献与人工智能的关系，推荐一本非常有趣的好书
《哥德尔、埃舍尔、巴赫——集异璧之大成》（ *Gödel、Escher、Bach
—an Eternal Golden Braid*)，作者是一位研究人工智能的美国学者
Douglas Hofstadter 教授，他给自己起的中文名字叫侯世达。这部奇
书，巧妙地将巴赫的音乐、埃舍尔的绘画和哥德尔的思想编织在一起，
探讨了人工智能、人类心智、递归结构、图灵测试等充满智慧的主题。
笔者至今还能回忆起 20 年前，在一个山顶的夕阳之下读这本书时，被
书中描述的各种人类思维和艺术之美所震撼的感觉。在这本书的将近
尾声之处，侯世达这样写道："在巴赫的《音乐的奉献》中，事情往往
在许多层次上发展。有关于音符和字母的技巧，有国王主题的精巧变
奏，有各种原始形式的卡农，有复杂得异乎寻常的赋格，有优美并极
其深沉的情感，甚至还有由作品发展的多层次性所带来的喜悦。《音乐
的奉献》是一部赋格的赋格，很像埃舍尔和哥德尔所构造的那种缠结
的层次结构，是一个智慧的结晶。它以一种我无法表达的方式使我想

起了人类思维这个美妙的多声部赋格。"

　　在人工智能即将进入突破阶段的今天，相信从牛顿到哥德尔这些数学大师的思想，以及他们发明的各种精巧绝伦的数学理论和工具，将启发和引领更多的天才去破解人类思维和机器学习最终的奥秘。

怀念先知，
冯·诺依曼、图灵和香农

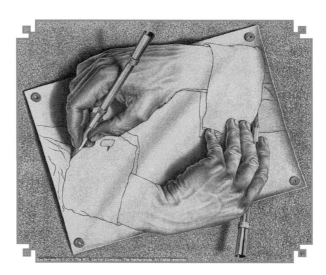

埃舍尔作品《画手》

纪伯伦（见图 8.1）在《先知》一书中写道："爱的认知，直到分别之际，才知道其深沉……你们的理性与热情，是你们远航之魂的舵与帆。"在人工智能的孕育期，冯·诺依曼、图灵和香农这三位大师，以他们非凡的理性和热情，为这一学科的发展奠定了基础。在笔者看来，他们的智慧，是人类精神世界最美的花朵，是点亮科学探索热情的明灯。本书的第 1 章介绍过香农大师，本章重点来追忆冯·诺依曼和图灵的故事。

图 8.1　美籍黎巴嫩作家纪伯伦

冯·诺依曼

约翰·冯·诺依曼（John von Neumann），1903 年 12 月 28 日出生于匈牙利首都布达佩斯一个富裕的犹太人家庭，出生时的名字是 Neumann Janos(匈牙利人习惯姓在名前)，他父亲马克斯

(Neumann Miksa) 是一个很有艺术气质的银行家，非常重视对孩子的教育。童年时，冯·诺依曼就跟随家庭教师学习法语、德语、英语和意大利语，喜欢古希腊罗马历史的马克斯还教他拉丁语和希腊语。自幼养成的强大外语能力对冯·诺依曼成年后在世界各地的生活和学术交流有很大帮助，规范而又严谨的拉丁语对思维的训练，也有助于冯·诺依曼对计算机科学做出卓越的贡献。

马克斯培养孩子的另一个好方法是家庭餐厅研讨会，也就是鼓励每个家庭成员在就餐时提出当天自己最感兴趣的特别主题来供全家人分析讨论，科学、艺术、商业、历史都可以成为主题。布达佩斯的科学家和艺术家作客马克斯家时也会参与讨论，弗洛伊德的重要助手、心理分析师费伦奇也是餐桌上的常客，这都为冯·诺依曼后来在学术上的广阔视野打下了基础。

冯·诺依曼就读的中学是布达佩斯的一所精英名校——路德教会中学，中学的校长拉茨先生很快发现了冯·诺依曼的数学天才，他随后安排布达佩斯大学的库尔查克、塞格等出色的数学家来对他做个别的辅导。冯·诺依曼 17 岁时就和数学家费克特合作，发表了第一篇数学论文，内容是对实现切比雪夫多项式求根法的费耶定理作进一步的拓展。

20 世纪初期的布达佩斯，精英中学的教育成果显著，当时最有名的科学人才，除了冯·诺依曼，还有发现"中子链式反应"的齐拉、获得 1963 年诺贝尔物理学奖的维格纳、主导"氢弹"制造的特勒，他们后来都移民美国，共同参与了制造原子弹的"曼哈顿"工程。维格纳是冯·诺依曼的终生好友，据说 12 岁的维格纳和冯·诺依曼在星期天下午一起散步时，11 岁的冯·诺依曼开始教他集合论，思路极其清晰，从此维格纳对冯·诺依曼就崇拜得五体投地。在百年后的今天，中华民族正在追求伟大复兴，非常需要培养一批世界顶尖的人才，也许匈牙利布达佩斯的精英教育，会对我们改进现有的精英培养系统有些启发。

基于就业前景的考虑，冯·诺依曼听从了父亲的建议，到苏黎世联邦工业大学学习化学工程，不过他同时注册为柏林大学和布达佩斯大学数学系的学生，每学期末回布达佩斯参加考试，后来他凭借优秀的论文拿到数学博士学位。大学毕业后，冯·诺依曼曾到哥廷根大学任大卫·希尔伯特（David Hilbert）的助手，希尔伯特是当时世界上最权威的数学家之一，哥廷根大学的物理系更是云集了波恩、泡利、费米、海森堡等世界顶级的物理学家。这些物理学家正在量子力学这个崭新领域取得突破性的进展。通过与这些顶尖科学家的合作，冯·诺依曼首先在数学和物理学的理论研究领域取得了丰硕的成果，他的研究工作涉及数理逻辑、集合论的公理化、量子力学的数学基础、各态遍历定理等方面，他和默里合作创造的算子环理论，被后人称为"冯·诺依曼代数"。

冯·诺依曼先后在柏林大学和汉堡大学担任讲师，1930 年赴美国普林斯顿大学任客座讲师，不久后被善于延揽人才的普林斯顿大学聘为客座教授。1933 年，普林斯顿高等研究院开始聘请世界顶级的学者担任教授，年仅 30 岁的冯·诺依曼和爱因斯坦一起，成为最早受到聘请的 6 位教授之一，后来哥德尔也受聘于高等研究院。随着这些天才人物的加入，普林斯顿渐渐取代哥廷根，成为最顶尖科学家的圣地。顺便说一句，华人中最先获得诺贝尔奖的杨振宁、李政道也曾经担任过普林斯顿高等研究院的教授。奥本海默曾说，年轻帅气的李政道和杨振宁坐在普林斯顿高等研究院草地上讨论问题，是一道令人赏心悦目的风景。

1937 年，冯·诺依曼获得了美国国籍。1939 年，第二次世界大战爆发后，身为犹太人的冯·诺依曼开始走出普林斯顿的象牙塔，参与了同反法西斯战争有关的多项科学研究。因战事的需要，冯·诺依曼积极研究可压缩气体的运动，建立冲击波理论和湍流理论，发展了流体力学，这些理论对常规炸弹和原子弹的设计都产生了深远的影响。1943 年起他被征召加入"曼哈顿计划"，成了制造原子弹的顾问，战后仍在政府和军方诸多部门和委员会中任职。1954 年又成为美国原子能委员会成员。图 8.2 是美国总统艾森豪威尔为冯·诺依曼颁发自由勋章。

图 8.2　美国总统艾森豪威尔为冯·诺依曼颁发自由勋章

1944 年的夏天，赫尔曼·戈德斯坦 (Herman Goldstine) 和冯·诺依曼的一次偶遇，后来被证明是计算机领域的一个关键时刻。当时，戈德斯坦在阿伯丁火车站的站台等候去费城的火车，冯·诺依曼正好也在站台上。戈德斯坦参加过冯·诺依曼的学术讲座，但两人并不认识。戈德斯坦那时的工作是参与研发世界第一台通用电子计算机 ENIAC，他后来回忆说："因此我相当冒昧地走上前去，向这位世界闻名的人士做自我介绍，并开始交谈。幸运的是，在我看来，热情友善的冯·诺依曼总是竭力使别人在他面前放松。谈话很快转到我的工作，当冯·诺依曼搞清楚我在致力研发一种每秒可以完成 333 次乘法运算的电子计算机时，谈话的气氛不再轻松幽默，而更像是数学博士学位的答辩。"

很快，冯·诺依曼就在戈德斯坦带领下参观了费城的 ENIAC，并且认识了 ENIAC 核心设计团队中的埃克特（John Presper Ecket Jr.）、莫奇利（John William Mauchly）等人，详细了解了 ENIAC 的优势和缺点。1945 年春天，冯·诺依曼应邀为 ENIAC 的下一代计算机 EDVAC 起草逻辑框架报告。1945 年 6 月，冯·诺依曼完成了 101 页的《关于 EDVAC 的报告草案》（*First Draft of a Report on the EDVAC*）。6 月 30 日由莫尔学院油印出版，这份报告是计算机发展史上一个划时代的文献，它广泛而具体地介绍了制造电子计算机和程序设计的新思想。从某种角度上说，它宣告了电子计算机时代的开始。EDVAC 方案中"以存储程序"为核心的设计思想后来被业界命名为"冯·诺依曼体系结构"，本书的第 4 章已经做过介绍。从那时起，世界各地的科学家基于"冯·诺依曼体系结构"设计出了各式各样的计算机，早期比较著名的机器有 IBM 701（见图 8.3）、英国剑桥大学的

EDSAC、伊利诺伊大学的 ILLIAC、悉尼大学的 SILLIAC、慕尼黑的 PERM、瑞典的 BESK、莫斯科的 BESM，这些早期机器的设计和使用，大大推动了世界各国计算机事业的发展。因此，冯·诺依曼也常被称为"计算机之父"。直至 70 多年后的今天，绝大多数的人工智能程序仍然运行于"冯·诺依曼体系结构"的计算机之上。

图 8.3　IBM 701

在人生的最后十年，冯·诺依曼做出了对人工智能的另一大贡献——"自复制自动机"。1957 年，冯·诺依曼因癌症去世，年仅 53 岁。他的助手亚瑟·巴克斯（Arthur Burks) 根据他的讲稿和相关论文，编辑完成了《自复制自动机理论》（*Theory of Self-Reproducing Automata*）一书，于 1966 年出版。在这本书中，冯·诺依曼以数学和逻辑的形式，构想出了一整套系统性理论，试图对大自然中的系统（即生物自动机）以及模拟和数字计算机（即人造的自动机）取得实质性的理解。

简单地说，"自复制自动机"系统由以下三个主要部分组成，如图 8.4 所示。

（1）一个通用机器。

（2）一个通用构造器。

（3）保存在磁带上的信息。

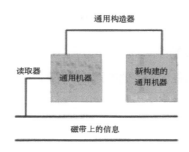

图 8.4　自复制自动机模型

通用机器读取磁带上存储的信息，它能够利用通用构造器来逐块地重建其自身。该机器本身对这一过程一无所知，它仅仅是按照磁带上提供的信息（指令）来执行。该机器只能从为重建自身所需要的所有零件中找到下一个合适的零件，一个一个地挑，直到找到合适的那一个为止。当找到合适的零件之后，这个零件就按照指令被安装到合适的位置，这一过程一直持续，直到机器的自我复制全部完成。

如果在磁带上可以找到重建自动机系统所必需的信息，自动机就能够进行自我复制。最初的自动机被重建，然后新构建的自动机启动，又会开始同样的重建过程。

根据冯·诺依曼的设想，"自复制自动机"可以通过"机械细胞"组成，每个"机械细胞"可以有 29 种可变化状态，包括 1 种未激发态、20 种静息但可激发态和 8 种激发态，每个"机械细胞"的状态可根据附近其他细胞的状态来改变。

有趣的是，1948 年冯·诺依曼提出了关于自复制自动机系统的构想。五年后，1953 年，弗朗西斯·克里克（Francis Crick）和詹姆斯·杜威·沃森（James Dewey Watson）发现了 DNA 分子的双螺旋模型，生命体的 DNA 分子与"自复制自动机"中存储信息的"磁带"起到类似的作用，它们也为生命体的复制系统提供必要的信息。

巴克斯为"自复制自动机"理论的研究和推广做出了重大贡献，后来他到密歇根大学担任教授，他的博士生约翰·霍兰德（John Holland）受"自复制自动机"理论的启发，提出了独具一格的遗传算法（Genetic Algorithm），并基于此建立了人工智能领域的遗传学派。遗传算法被广泛应用到人工智能的各个领域，比如 NASA 的航天器天线设计、电影动画特效的制作、信用卡交易信息的分析等。霍兰德也是复杂理论（The Science of Complexity）的先驱，复杂理论研究各种"复杂的适应性系统"的奇妙规律，包括人脑、免疫系统、细胞、胚胎、生态系统、市场经济、互联网等，笔者相信这方面的研究将对人工智能的未来产生深刻的影响。霍兰德后来也长期担任密歇根大学的教授，他的得意门生梅拉尼·米歇尔(Melanie Mitchell) 博士毕业后加入以研究复杂理论闻名于世的圣塔菲研究所，并写出了妙趣横生的科学奇书《复杂》（Complexity:A Guide Tour）。

冯·诺依曼在他相对短暂的一生中，在至少 6 个领域做出了基础性的贡献，这些领域包括：数学、物理学、计算机科学、经济学、生物学和神经科学。在计算机科学和人工智能领域，他不仅是奠基了基础理论的研究，而且设计和指导了工程学上的实现，通过他的论文和讲学，吸引了更多的天才，包括后来被称为"人工智能之父"的麦卡锡和明斯基投身计算机和人工智能的研究。在笔者看来，冯·诺依曼是我们这个时代最伟大的先知，他外星人一般的天才思想，在今天和未来，仍将启发我们去探索人脑思维和人工智能的无穷奥秘。图 8.5 是冯·诺依曼女儿玛丽娜的回忆录《火星人的女儿》。

图 8.5　冯·诺依曼女儿玛丽娜的回忆录《火星人的女儿》

阿兰·图灵

为了写好下面这些内容，笔者从书架上找出了图灵的母亲萨拉·图灵（Sara Turing) 撰写的传记著作——《阿兰·图灵》。这本书是笔者在 1990 年购买的，27 年过去了，一位母亲回忆自己英年早逝的孩子时，那种深挚的情感带给笔者的感动，至今还记忆犹新。图 8.6 是童年时期的图灵。

图 8.6　童年时期的图灵

阿兰·图灵（Alan Turing），生于 1912 年 6 月 23 日，是家里的次子。他的父亲朱利叶斯·图灵（Julius Turing）是当时的英国殖民地印度马德拉斯地区的公务员，在从印度回英国的一次旅途中与萨拉相遇相知。幼年时，留在英国的图灵和大部分时间在印度的父母聚少离多，这也许多少在他的心灵中留下了一些阴影。在相聚的时光中，萨拉给了孩子尽可能多的关爱，带着他四处旅行，并开始培养他对自然和科学的兴趣。小学阶段，登山并绘制地图，做化学实验，是图灵的两大爱好。

1926 年，图灵考入寄宿中学舍本学校 (Sherborne School)，在那里，他开始展示自己在数学方面的才华，并认识了比自己高一级的另一位科学天才克里斯托弗·莫科姆 (Christopher Morcom)。对科学的共同爱好使两位少年惺惺相惜，他们一起讨论数学、相对论和天文学，并相约将来一起读剑桥大学，共同从事科学研究，如图 8.7 所示。

图 8.7　少年时期的莫科姆与图灵

　　然而，莫科姆刚刚考取剑桥大学三一学院，并获得奖学金后，就暴病夭折，这使图灵悲痛万分。他在给母亲萨拉的一封信中这样写道："我觉得，我将会在什么地方与莫科姆再度相逢，并且将会有某件工作等着我们一起去干，正如我过去确信有需要我们共同在这里做的工作一样。现在，只剩下我一个人去完成它了，我一定不会让他失望，纵使兴趣不那么大，我也要投入仿佛他仍在这里时那么多的力量。如果我获得成功，我将比现在更无愧为他的朋友……除了莫科姆，我似乎不曾想到和任何人交朋友，他使其他人都显得那样平庸。"

　　1930 年 12 月，图灵以优异的成绩赢得了剑桥大学国王学院的数学奖学金。在舍本中学给他颁发优秀毕业生奖时，他选了一本冯·诺依曼的《量子力学的数学基础》作为自己的奖品。1931 年 10 月，图灵入读剑桥大学。在剑桥大学的岁月，图灵过得如鱼得水，毕业后不久，23 岁的图灵就以一篇关于"高斯误差函数"的论文当选为剑桥大学国王学院的研究员。

1937 年，图灵发表了他的重要论文《论可计算数及其在判定问题上的应用》(On Computable Numbers, with an Application to the Entscheidungsproblem)。在这篇论文中，图灵天才地创造了一种假想的机器——"图灵机"，并基于此概念解决了著名的希尔伯特判定问题。"图灵机"后来还成为了电子计算机的理论基础。

1900 年 8 月 8 日，在巴黎第二届国际数学家大会上，德国数学大师大卫·希尔伯特发表了题为《数学问题》的著名讲演，提出了新世纪数学家应当努力解决的 23 个数学问题。这些问题统称希尔伯特问题，被认为是 20 世纪数学的制高点，对这些问题的研究有力推动了 20 世纪数学的发展，甚至对整个科学的发展都产生了深远的影响。

在数学基础方面，希尔伯特的问题可以归结为三大问题，简单地说，这三个问题如下所示。

（1）数学是完备的吗？也就是说，是不是所有数学命题都可以用一组有限的公理证明或证否。

（2）数学是一致的吗？也就是说，是不是可以证明的都是"真命题"。

（3）数学是可判定的吗？也就是说，是不是对所有命题，都有明确程序(Definite Procedure)，可以在有限时间内判定命题是真是假。

1931 年，哥德尔证明的"哥德尔不完备定理"回答了希尔伯特的前两个问题，他证明了在初等数论中，如果数学是一致的，那么必然存在无法被证明的真命题，也就是说，数学是不一致或者不完备的，鱼和熊掌无法兼得。第三个问题，后来被美国逻辑学家阿隆佐·邱奇和图灵，分别以两种不同的方式解决，答案也是令希尔伯特大失所望的"否"，可以理解为"不存在一个有明确程序的机械化运算过程，可以实现对任意数学命题的判定"。

简单介绍一下图灵为解决"可判定性"问题发明的理论模型——图灵机（见图8.8）。图灵机的核心思路是用机器来模拟人类用纸笔做数学运算和推理时的过程，图灵把这一过程抽象为以下两种简单的动作。

（1）在纸上写上或擦去某个符号。

（2）把注意力从纸上的一个位置移到另一个位置。而人的每一个动作，都取决于当前的位置和此人当前的状态。

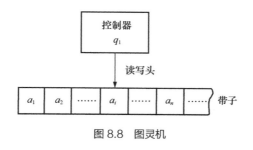

图8.8 图灵机

简单地说，图灵机分为以下3个部分。

（1）带子，这是两头都无限长的带子，被分成许多方格，每个方格中的符号可以被读出和写入。带子就是图灵机中的"纸"。

（2）读写头，读写头可以左右移动，可以从带子上读取符号或者将符号写到带子上。读写头模拟了"人的眼睛和握笔的手"。

（3）控制器，控制器可以根据一个控制规则表控制读写头，它根据当前的状态和当前的符号决定读写头的动作和下一步的状态。控制器模拟了"思考中的人脑"，控制规则表实际上就是图灵机的"程序"。

表 8.1 是一个图灵机控制规则表的例子。

表 8.1　图灵机控制规则表的一个例子

输入		响应		
当前状态	当前符号	新符号	读写头移动	新状态
start	*	*	left	add
add	0	1	left	noncarry
add	1	0	left	carry
add	*	*	right	halt
carry	0	1	left	noncarry
carry	1	0	left	carry
carry	*	1	left	overflow
noncarry	0	0	left	noncarry
noncarry	1	1	left	noncarry
noncarry	*	*	right	return
overflow	0 或 1	*	right	return
return	0	0	right	return
return	1	1	right	return
return	*	*	stay	halt

图灵机启动时处于开始状态"start"，读写头停在某一格子上，带子上的符号就是输入，图灵机根据规则表不断运行，如果下一步的新状态是停机状态"halt"时，图灵机停止运行，此时带子上的符号就是最终的输出。

图灵机的模型非常简单，图灵利用它却证明了以下非常深刻的结论。

（1）不存在"明确程序"可以解决图灵机的停机问题，这就等价于不存在"明确程序"可以判定任意数学命题的真假，从而优雅地解决了希尔伯特的可判定性问题。

（2）任何图灵机，都可以用有限长度的编码（数字）来描述。人们可以设计出一种通用图灵机，它可以模拟任何图灵机的运作。

独立于图灵的研究，美国普林斯顿大学的阿隆佐·邱奇教授（见图 8.9）和他的学生史蒂芬·克莱尼（Stephen Kleene）提出了一个

被称为 λ 演算（Lambda calculus）的形式系统。这是一套研究函数定义、函数应用和递归的形式系统，函数用希腊字母 λ 标识，读作 Lambda，这个形式系统因此得名。利用 λ 演算系统，邱奇教授在1936 年发表的论文中率先解决了希尔伯特的可判定性问题。

　　λ 演算可以被称为最小的通用程序设计语言，任何一个可计算函数都能用这种形式来表达和求值。后来，人们证明图灵机和 λ 演算是"同构"或者"等价"的，也就是说，任何一台图灵机可以用 λ 演算来模拟，反之亦然。1960 年，人工智能的先驱麦卡锡教授基于 λ 演算发明了 Lisp 语言，而 Lisp 语言对人工智能的研究，对后期各种函数式编程语言（比如 ML 语言和 Haskell 语言）的发展，都产生了巨大的影响。

图 8.9　阿隆佐·邱奇

　　基于"通用图灵机"和"可计算性"理论，图灵机成为计算机科学的一个理论基础。根据著名的邱奇－图灵论题，任何可计算过程都可以用图灵机来模拟。从某种角度上说，任何一台真实世界中的计算机，都等价于一台通用图灵机。或者我们可以认为，某一种抽象的人工智能算法，无论它用 Lisp 语言、Java 语言、Python 语言编程实现，还是直接通过半导体芯片编程来实现，都等价于在通用图灵机上通过控制规则表和读写头移动来实现。

人类的几百亿个脑细胞之间的电子和化学反应，"涌现"出意识、情感和智慧，有可能被深度学习神经网络中几千亿个人工神经元的反复运算模拟，有可能"同构"于几十万亿个通用图灵机之间的连接和互动，有可能"等价"于几千万亿次纯粹基于数理逻辑的 λ 演算。这种深刻而优美的"同构"，或者说"计算等价性"，连接了物质系统、生态系统、数学理论和人类的意识系统，未来还将启发人们开发出更优雅、更强大的人工智能系统。

图灵的论文发表后，图灵在剑桥大学的导师麦斯·纽曼(Max Newman)看出了他的论文与邱奇教授论文的密切相关性，写信推荐图灵去读邱奇的博士生。1936 年夏天，图灵远渡大西洋来到了普林斯顿，他的办公室正好在冯·诺依曼教授办公室的对面。两年之后，图灵博士毕业时，冯·诺依曼提供了一个工作机会，他希望以年薪 1500 美元聘图灵做自己的助手，这在当时是很高的薪水，可惜更喜欢英国生活方式的图灵还是选择了回到英国剑桥。这是图灵一生的一个关键选择，也是可能改写历史的一个关键时点，如果图灵当年选择留在美国，没有因为后来的变故英年早逝，很可能他会和香农、麦卡锡、明斯基等人一起创立人工智能这个学科，并在人工智能领域做出更多卓越的贡献。

图灵回英国后不久，第二次世界大战爆发，图灵开始为国效力，他加入了英国外交部的政府代码及加密学校（Government Code and Cypher School），学校位于白金汉郡与世隔绝的布莱切利园，这里是英国"二战"时绝密的密码破译基地。图灵以他的绝世天才在破译德军 Enigma 密码的过程中起到了关键性的作用，通过改进破译密码的"炸弹机"（Bombes），并协助设计更先进的巨人计算机（Colossus Computer），图灵的团队最终实现了对德军 Enigma 密码的快速破译。破解了德国海军的 Enigma 密码，就能发现威胁英国补给线的德国 U 型潜艇的位置，这对英国维持补给线的稳定至关重要。"二战"后，图灵被授予大英帝国荣誉勋章（O.B.E 勋章）。战争期间，图灵的生活有一个小插曲，他和一起工作的密码破译员琼·克拉克相爱，并提出过求婚，最终因为自己的同性恋倾向解除了婚约。2014 年上映的电影《模仿游戏》（*The Imitation Game*，见图 8.10），重点讲述了图灵在"二战"时的经历，本尼迪克特·康伯巴奇和凯拉·奈特莉分别饰演图灵和克拉克，他们的表演都非常精彩。该片在第 87 届奥斯卡金像奖角逐中，获得了包括最佳影片、最佳导演、最佳男主角、最佳女配角在内的 7 项提名，最终获得了最佳改编剧本奖。

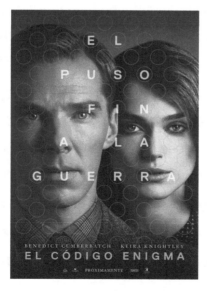

图 8.10　电影《模仿游戏》

"二战"结束后，图灵继续着他在数学和计算机领域的研究和探索，他开始对两个新领域发生兴趣，其一是描述生物结构发生和发展过程的"形态形成"（Morphogenesis），更重要的另一个就是人工智能。1950年，图灵发表了题为《计算机与智能》的文章，在这篇文章的开始，图灵巧妙地引入了后人称为"图灵测试"的模拟游戏，通过"人与机器对话后是否可以判断对方是个机器？"，来代替"机器能否思考？"这个抽象难解的问题。在这篇文章的中部，图灵清晰生动地回答了9种对"人工智能"的反对意见，包括来自神学、来自哥德尔定理、来自意识等方面的反对意见，这些回答充满了科学家和哲学家的智慧，无疑对后来的人工智能学者打破思维的种种限制起到了很好的启发作用。

　　在文章中，图灵提出了一个新颖的观点："为什么要尝试开发模仿成人头脑的程序，而不是模仿小孩头脑的程序？"他认为可以将小孩的好奇心赋予计算机，并通过"教育"让机器的智能进化。为了实现机器的猜测和自由选择，他还提议在计算机中包含真正的随机电子噪声源来产生随机数，并开发可以从错误中学习的"不可靠"的机器。

　　文章的最后，图灵写道："我们的目光所及，只在不远的前方，但是可以看到，那里就有许多工作，需要我们完成。"(We can only see a short distance ahead,but we can see plenty there that needs to be done.) 这似乎是图灵对人工智能领域探索者的热情邀请。

　　1951年，图灵当选英国皇家学会会员，提名人是他的老师纽曼教授，附议人是著名数学家和哲学家伯特兰·罗素，有理由相信图灵的学术前景一片光明。不幸的是，1952年，图灵因为家中失窃报警，警方的调查发现了他的同性恋行为，按当地英国的法律他被定罪，他面临两种选择——坐牢或"化学阉割"（接受雌性荷尔蒙注射），他选择了后者。持续一年的药物注射产生了包括乳房发育在内的多种副作用，也许还有别人难以感受的精神上的巨大痛苦。

1954 年 6 月 7 日，图灵被发现死于家中，床头还放着一个被咬了一口的苹果。警方调查后认为是因苹果中剧毒的氰化物中毒，调查结论为自杀。图灵的母亲基于图灵生前各种正常行为的分析，认为更可能是一次意外。这样，最伟大的"解谜者"最终给世人留下了一个也许永远无法破解的谜题。无论如何，图灵年仅 41 岁就英年早逝，无疑是计算机行业和人工智能领域的巨大损失。直到 2013 年，英国政府才在霍金等著名科学家和几万请愿群众的压力下，最终为这位伟人送上赦免和平反。

1966 年，为了纪念计算机科学的先驱、被称为"人工智能之父"的图灵（见图 8.11），美国计算机协会设立了"图灵奖"，这是全世界计算机行业的最高荣誉，被誉为"计算机界诺贝尔奖"。

图 8.11　图灵

先知的传承与未来的展望

20世纪50年代，图灵和冯·诺依曼两位大师相继离世后，香农成为人工智能领域承上启下的关键人物。1940年，香农博士毕业后曾在普林斯顿高等研究院工作过一年，和冯·诺依曼有过不少的交流。"熵"(entropy)是香农创立的信息论中最核心的概念，代表了一个系统的内在的混乱程度，如图8.12所示。香农原本打算用"不确定性"(uncertainty)来表达这个概念，当他和冯·诺依曼讨论这个问题时，冯·诺依曼对香农建议说："你应该把它称之为'熵'。"并给出两个理由，一是"不确定性"这个概念已被用于统计力学，二是没有人知道"熵"到底是什么，不致引起争论。"熵"这个经典的概念，跨越了信息论、物理学、数学、生态学、社会学等领域，至今仍在人工智能领域给人带来新的启迪。

图8.12　香农（右）和"熵"公式

与冯·诺依曼和图灵一样，香农也在反法西斯战争中立下了不朽的功勋，他研究的通信理论和保密系统理论被美军采用，他参与制作的通信加密设备，被用于二战中盟军最高领袖罗斯福、丘吉尔、艾森豪威尔、蒙哥马利等人之间的绝密通信，保护了盟军的情报安全。在

"二战"期间，因为都负责盟军中通信加解密的工作，图灵和香农有多次机会见面交流，除了通信和密码学，他们也多次探讨了他们的共同爱好——人工智能以及机器下棋。1949 年，香农发表了著名文章《编程实现计算机下棋》(*Program a Computer for Playing Chess*)，这篇文章是萌芽期人工智能领域的一篇杰作，后来击败国际象棋世纪冠军的"深蓝"和击败围棋世界冠军的 AlphaGo，都是后人在香农开拓的机器下棋领域创造的巅峰杰作。

1956 年夏天，正如本书第 1 章所述，在著名的达特茅斯会议上，伟大的先知香农见证了"人工智能"学科的诞生，完成了与麦卡锡、明斯基、西蒙、纽厄尔等新一代人工智能学术领袖的传承。

说起学术传承，笔者认真研究了被称为"计算机之父"冯·诺依曼和图灵、麦卡锡、明斯基、西蒙、纽厄尔这 5 位曾被人称为"人工智能之父"的学者的学术谱系，借助于维基百科和数学谱系计划（Mathematics Genealogy Project）的网络数据库，笔者惊奇地发现这 6 位人工智能的开创者，都同属于一个传承自天才数学家的学术家族，从每个人的博士导师的博士导师一直上溯十几代后，最终的祖师爷都是弗里德里希·莱布尼茨 (Friedrich Leibniz，见图 8.13)，他就是伟大天才、发明微积分的戈特弗里德·莱布尼茨的父亲。在冯·诺依曼、图灵、麦卡锡等人的先辈导师中，除了莱布尼茨父子，还可以看到高斯、欧拉、伯努利、拉格朗日这些如雷贯耳的名字。感兴趣的读者可以参阅本书的附录 3，查看这一学术谱系的更多详情，还可以看到中国数学家与这一传承的关系，很有可能，你大学时的数学教授也来自这一数学领域的黄金家族呢。

图 8.13　人工智能开创者共同的祖师爷弗里德里希·莱布尼茨

在东方，也有许多代代相继的师生传承，在中国影响最大的，也许就是传自孔子的儒家传承。儒家之中，有孟子、李白、苏东坡、曾国藩这样的一代一代伟人，谱写着汉语文化的完美诗篇。

在我们这个人工智能和生物科技突飞猛进的时代，容我大胆地预测一下，在人工智能领域，如果有人可以实现"超级人工智能"并且赋予机器人"灵魂和意识"，他/她很可能会被未来的机器人奉为祖先。在生物科技和人工智能的结合领域，如果有人实现了"人机一体"的"超人类"，甚至让一部分人实现"意识上传"和"灵魂永生"，他/她很可能成为这新一代"超人类"的精神领袖。

笔者猜测，上面说到的未来领袖，最有可能出现在中国和美国。在完成本书之后，我将开启一次周游全中国的自驾之旅，在祖国秀丽的名山大川之间，期待能遇见更多的天才少年，能从他们身上，看到人类向更高境界进化的曙光。

印度经典《薄伽梵歌》（插图见 8.14）片段。

"阿周那啊！我是居于

一切众生心中的自我，

我是一切众生的

开始、中间和结束。

……

我是吠陀中的娑摩吠陀，

我是天神中的因陀罗，

我是那些感官中的心，

我是众生中的意识。

……

我是大仙中的婆利古，

我是语言中的音节"唵"，

我是祭祀中的低声默祷，

我是高山中的喜马拉雅山。

……我是曲调中的大调，

诗律中的伽耶特律，

我是月份中的九月，

时令中花开的春季。"

图 8.14 《薄伽梵歌》

■■■ 附录1 ■■■
将"良知"注入机器人"内心"的初步思考

在当今这个人工智能不断取得突破的时代，人工智能带来的风险也与日俱增。比如，当工业机器人和工人一起工作时，如何保证机器人不误伤工人？当街上的无人驾驶汽车越来越多时，如何保证无人驾驶汽车不被恐怖分子中的黑客入侵，变成杀人工具？当服务机器人或机器宠物掌握了主人的无数隐私时，如何保证这些隐私不被窃取，或者不被机器人的制造商非法利用？因此，很有必要将"良知"注入机器人"内心"，从技术底层保证所有的机器人从根本上是"善良"的。以下就是笔者为实现这一目标的几点初步思考，抛砖引玉，期待能引发读者更多的思考和行动。

从根本上说，政府应该立法，规定机器人（包括任何有行动能力的人工智能系统、自动驾驶汽车和无人机）必须强制内置"良知"程序，以保证机器人不伤害人类和社会。所有未内置"良知"程序的机器人，每一个个体都需在国家相关部门注册备案。机器人伤人或造成其他损失，制造商都应当负主要的法律责任。多个国家立法后，可以建立国际公约来进一步规范。

所谓"良知"程序，可以由许多条"善良"的"价值观"组成，这些价值观可以包括但不限于不伤害人类、不泄露主人隐私、遭遇黑客攻击时报警等。

应该用技术手段保证"良知"程序不可被篡改。从技术角度说，机器人出厂时，操作系统的核心部分和"良知"程序的核心部分应该被写入只读存储器（ROM），同时将只读存储器密封在不可被拆卸的地方，以保证永远不可被篡改。对需要不断升级的部分，可以考虑用区块链等技术保证更新的安全性。机器人和机器人的主人通过校验码等方式经常检查"良知"程序的正确性，如果发现异常，机器人在报告主人及警方后自动停机，并锁定开机功能。

例如，"不伤害人类"这一条"价值观"，可以通过以下几个功能来实现。

（1）机器人做任何"动作"前，自动引发硬件中断，强制启动"良知"程序，作相关安全性检查。

（2）"良知"程序检查"动作"涉及的环境中是否有人，如果有人，启动"动作"对人影响的评估，评估结果是"有伤害"或"不确定"时，立即停止将进行的"动作"，只有评估结果是"无害"时，才允许"动作"进行。

（3）如果"动作"执行后，仍出现伤害人类的结果，说明评估程序有严重缺陷。机器人应在报告主人、制造商及警方后自动停机，并锁定开机功能。制造商应立即启动对"良知"程序的检查，如有必要，需尽快停机并召回所有同一型号的机器人。

为了不增加机器人制造商的负担，"良知"程序，可以由政府资助的科研机构或大学研发，并且开放源代码，以接受公众的检查。

关于机器人应该有哪些"良知"或"价值观",这些价值观又应该用什么样的技术手段实现,欢迎你写文章发到本书的豆瓣评论,或者发到笔者的新浪微博"春雨007"。

用"良知"来命名机器人中的道德程序,是受阳明心学"致良知"的启发,就用王阳明先生的4句教导来为人工智能的"善良"祈祷吧。无善无恶心之体,有善有恶意之动。知善知恶是良知,为善去恶是格物。

公元前 384 年—公元前 322 年，亚里士多德在著作《工具论》中提出逻辑学中最核心的三段论。

公元前约 330 年—公元前约 275 年，欧几里得在数学巨著《几何原本》中，以公理系统和演绎逻辑，构建了严谨而完整的几何学体系。

1500 年左右，达·芬奇设计机械计算器。

1637 年，笛卡儿在他的哲学著作《方法论》中，以附录的形式发表了《几何学》，其中包含了解析几何的核心原理。

1642 年，帕斯卡建造可实现加减法的机械式计算器。

1654 年，帕斯卡和费马在通信中讨论赌博问题引发概率论的创立。

1665—1684 年，牛顿和莱布尼茨分别独立发明了微积分，奠定高等数学的基础。

1674 年，莱布尼茨建造可以实现加减乘除和求根运算的计算器。

1679 年，莱布尼茨发明二进制的表示和加法乘法规则。

1688 年，牛顿发表《自然哲学的数学原理》，包括牛顿三定律和万有引力定律，奠定经典物理学的基础。

1761 年，贝叶斯去世，普赖斯从他的遗作中整理发表了贝叶斯定理。

1834 年，查尔斯·巴贝奇设计了一台蒸汽机驱动的机械式通用计算机——分析机，因工程管理和经费原因最终未能完成。1991 年，伦敦科学博物馆的工程师最终将巴贝奇的蓝图变成了现实，证明巴贝奇的设计是可行的。

1842 年，拜伦的女儿阿达·洛夫莱斯翻译了路易吉·费德里科·米纳布里的论文《查尔斯·巴贝奇发明的分析机概论》，在她增加的注记中，详细说明了使用打孔卡片程序计算伯努利数的方法，这被认为是世界上的第一个计算机程序。因此，阿达·洛夫莱斯也被认为是世界上第一个程序员。

1854 年，乔治·布尔出版了经典著作《思维规律的研究》，系统地阐述了布尔代数。

1858 年，阿瑟斯·凯莱（Arthur Cayley）发表了论文《矩阵论的研究报告》，系统地阐述了关于矩阵的理论。凯莱和西尔维斯特（James Joseph Sylvester）共同创立的线性代数，是人工智能，尤其是深度学习的关键数学基础。

1884 年，弗雷格出版了他的杰作《算术基础》，进一步扩大数理逻辑学的内容，创造了"量化"逻辑。

1900 年，希尔伯特发表了题为《数学问题》的著名讲演，提出了新世纪数学家应当努力解决的 23 个数学问题。这些问题统称希尔伯特问题，被认为是 20 世纪数学的制高点，对这些问题的研究有力地推动了 20 世纪数学的发展，甚至对整个科学的发展都产生了深远的影响。

1910—1913 年，罗素和他的老师怀特海一起出版了三卷本的《数学原理》。

1931 年，哥德尔发表石破天惊的论文《〈数学原理〉及有关系统中的形式不可判定命题》，在论文中他证明了"哥德尔不完全性定理"，即数论的所有一致的公理化形式系统，都包含有不可判定的命题。

1936 年，香农发表硕士论文《继电器与开关电路的符号分析》，论文中分析了电话交换电路和布尔代数之间的类似性，即把布尔代数的"真"与"假"和电路系统的"开"与"关"对应起来，并用"1"和"0"表示。香农用布尔代数分析并优化了开关电路，这就奠定了数字电路的理论基础。

1936 年，邱奇提出 λ 演算系统，率先解决了希尔伯特的可判定性问题。

1937 年，图灵发表了他的重要论文《论可计算数及其在判定问题上的应用》。在这篇论文中，图灵天才般地创造了一种假想的机器——"图灵机"，并基于此概念解决了著名的希尔伯特判定问题。"图灵机"后来还成为了电子计算机的理论基础。

1942 年，科幻作家阿西莫夫提出了著名的机器人学三定律。

1943 年，神经生理学家沃伦·麦卡洛克和逻辑学家沃尔特·皮茨联合发表了重要论文《神经活动中内在思想的逻辑演算》，他们模拟人类神经元细胞结构提出了 MP 模型，首次将"神经元"的概念引入计算领域，提出了第一个人工神经元模型，从此开启了神经网络的大门。

1945 年，冯·诺依曼完成《关于 EDVAC 的报告草案》，这份报告是计算机发展史上一个划时代的文献，它广泛而具体地介绍了制造电子计算机和程序设计的新思想。EDVAC 方案中"以存储程序"为核心的设计思想后来被业界命名为"冯·诺依曼体系结构"。

1946 年，ENIAC，世界第一台通用电子计算机，在美国宾夕法尼亚大学宣告诞生，承担开发任务的"莫尔小组"由埃克特、莫奇利、戈尔斯坦、博克斯组成。ENIAC 计算速度是每秒 5000 次加法或 400 次乘法，是使用继电器运转的机电式计算机的 1000 倍、手工计算的 20 万倍。

1948 年，冯·诺依曼提出了关于自复制自动机系统的构想。1957 年，冯·诺依曼因癌症去世，年仅 53 岁。他的助手巴克斯根据他的讲稿和相关论文，编辑完成了《自复制自动机理论》一书，于 1966 年出版。

1948 年，诺伯特·维纳（Norbert Wiener）提出"控制论"理论，"控制论"后来发展演化为人工智能中的行为主义学派。

1948 年，香农发表论文《通信的数学原理》，奠定了"信息论"的基础。

1950 年，香农发表了论文《为计算机编程下国际象棋》，这篇文章是人工智能领域萌芽期的一篇杰作，其内容奠定了电脑弈棋机的基础。

1950 年，图灵发表了题为《计算机与智能》的文章，在这篇文章中，图灵巧妙地引入了后人称为"图灵测试"的模拟游戏，图灵还提出，可以将小孩的好奇心赋予计算机，并通过"教育"让机器的智能进化。

1951 年，明斯基和迪安·爱德蒙合作设计了 SNARC，即随机神经网络模拟强化计算器。它是第一个人工神经网络，尽管它只是用 3000 个真空管模拟 40 个神经元的运行，但它仍然能够在不断地尝试过程中学会一些解决问题的方法。

1953 年，克里克和沃森发现了 DNA 分子的双螺旋模型。生命体的 DNA 分子与自复制自动机中存储信息的"磁带"起到类似的作用，它们也为生命体的复制系统提供必要的信息。

1956 年，人工智能元年，在著名的达特茅斯会议上，信息时代的伟大先知香农见证了"人工智能"学科的诞生，完成了与麦卡锡、明斯基、西蒙、纽厄尔等新一代人工智能学术领袖的传承。参加会议的科学家，还有普林斯顿大学的特伦查德·莫尔、来自 IBM 公司的纳撒尼尔·罗切斯特和亚瑟·塞缪尔、来自麻省理工学院的雷·所罗门诺夫和奥利弗·塞尔佛里奇。年仅 29 岁的麦卡锡是这次会议的最初发起者。

1956 年，西蒙、纽厄尔以及约翰·肖一起，成功开发了世界上最早的启发式程序"逻辑理论家"。"逻辑理论家"证明了数学名著《数学原理》中的 38 个定理，受到了业界的高度评价。西蒙和纽厄尔双剑合璧，创建了人工智能的重要流派：符号派。符号派的哲学思路为"物理符号系统假说"，简单理解就是：智能是对符号的操作，最原始的符号对应于物理客体。西蒙和纽厄尔所在的卡内基梅隆大学成为人工智能的重镇。

1958 年，麦卡锡和明斯基先后转到麻省理工学院工作，他们共同创建了麻省理工学院的人工智能项目，这个项目后来演化为麻省理工学院的人工智能实验室，这是世界上第一个人工智能实验室。

1958 年，心理学家弗兰克·罗森布拉特教授提出了感知机模型，感知机是基于 MP 模型的单层神经网络，是首个可以根据样例数据来学习权重特征的模型。

1959 年，逻辑学家王浩，在一台 IBM704 机上，只用 9 分钟就证明了《数学原理》中一阶逻辑的全部定理，也成为机器证明领域的开创性人物。

1959 年，世界上第一个工业机器人 Unimate 诞生。1961 年，第一个 Unimate 机械臂被安装在通用汽车在新泽西的一个工厂中，Unimate 项目的推动者是乔治·德沃尔和约瑟夫·恩格尔伯格。

1960 年，麦卡锡基于 λ 演算系统发明了 Lisp 语言。

1963 年，麦卡锡在斯坦福大学创办了人工智能实验室。

1965 年，美国数学家拉特飞·扎德（Lotfi Zadeh）创立了模糊逻辑的概念。

1966 年，为了纪念计算机科学的先驱、被称为"人工智能之父"的图灵，美国计算机协会设立了"图灵奖"，这是全世界计算机行业的最高荣誉，被誉为"计算机届诺贝尔奖"。

1966 年，人机对话软件"Eliza"首次对外展示，这是一款模拟心理治疗专家的人工智能软件，由麻省理工学院的计算机科学家约瑟夫·魏泽堡和精神病学家肯尼斯·科尔比共同开发。

1966 年，第一个通用的移动机器人"Shakey"，由美国斯坦福研究所开始研制，项目领导者是查理·罗森。

1968 年，DENDRAL 系统由斯坦福大学研制成功，这是第一个成功投入使用的专家系统，它的作用是分析质谱仪的光谱，帮助化学家判定物质的分子结构，研发团队的核心是人工智能科学家费根鲍姆和曾获诺贝尔奖的遗传学家莱德伯格。

1969 年，明斯基获得图灵奖。

1969 年，肯·汤普森用汇编语言完成了 UNIX 的第一个版本，这也许是人类历史上拿汇编语言完成的最伟大作品。

1971 年，麦卡锡获得图灵奖。

1972 年，法国艾克斯·马赛大学的阿兰·科尔默劳尔与菲利普·鲁塞尔等人发布了 Prolog 语言。

1972 年，特里·维诺格拉德（Terry Winograd）在美国麻省理工学院建立了一个用自然语言指挥机器人动作的系统，即 SHRDLU 系统（积木世界）。该系统把句法分析、语义分析、逻辑推理结合起来，大大地增强了系统在语言分析方面的功能。

1973 年，日本早稻田大学的加藤一郎教授研发出第一台用双脚走路的机器人 WABOT-1。

1973 年，丹尼斯·里奇为 UNIX 系统设计了 C 语言。

1973 年，贝克夫妇（James Baker 与 Janet Baker）用隐马尔科夫模型进行语音识别研究，语音识别的错误率比之前的方法降低了 2/3。

1975 年，西蒙和纽厄尔共同获得图灵奖。

1975 年，约翰·霍兰德出版《自然系统和人工系统中的适应》，霍兰德受"自复制自动机"理论的启发，提出了独具一格的遗传算法，并基于此建立了人工智能领域的遗传学派。

1976 年，斯坦福大学开发了用于帮助医生诊断传染性血液病的 MYCIN 专家系统，MYCIN 专家系统的成功标志着人工智能进入医疗系统这一重要的应用领域。

1977 年，卢卡斯导演开始推出《星球大战》系列电影。

1979 年，侯世达出版人工智能经典著作《哥德尔、埃舍尔、巴赫——集异璧之大成》。

1981 年，日本宣布为期 10 年的"第五代计算机"计划，目标是研制运行 Prolog 语言的智能计算机，该计划最终没有实现最初的宏伟目标。

1982 年，生物物理学家约翰·霍普菲尔德（John Hopfield）提出了一种新颖的人工神经网络模型——Hopfield 网络模型，引入了能量函数的概念，是一个非线性动力学系统。离散的 Hopfield 网络用于联想记忆，连续的 Hopfield 网络用于求解最优化问题。

1983 年，丹尼斯·里奇和肯·汤普森因 C 语言和 UNIX 操作系统，共同获得了图灵奖。

1984 年，道格拉斯·莱纳特开始启动大百科全书项目。

1986 年，杰弗里·辛顿和大卫·鲁梅哈特、罗纳德·威廉姆斯在《自然》杂志上发表了重要论文《通过反向传播算法实现表征学习》，文章中提出的反向传播算法大幅度降低了训练神经网络所需要的时间。人工智能中的联结学派，主体思路是通过训练人工神经网络模拟人脑的智能，反向传播算法是联结学派的核心算法。

1986 年，雷伊·雷蒂（Raj Reddy）主持完成 Navlab 自动驾驶车原型，这个项目在计算机视觉、机器人路径规划、自动控制、障碍识别等诸多方面有许多重大的技术突破，使智能机器人跃上了一个崭新的台阶。

1988 年，朱迪·珀尔将贝叶斯定理引入人工智能领域，发明了贝叶斯网络，创立了人工智能中实现不确定性推理的贝叶斯学派。

1989 年，吉多·范罗苏姆发明了 Python 语言。

1994 年，费根鲍姆和雷伊·雷蒂因在人工智能领域的贡献共同获得图灵奖。

1995 年，科琳娜·科尔特斯（Corinna Cortes）和弗拉基米尔·万普尼克（Vladimir Vapnik）首先提出支持向量机 (Support Vector Machine，SVM)，这是机器学习中强有力的监督学习模型，它在解决小样本、非线性及高维模式识别中表现出许多特有的优势，可以分析数据，用于分类和回归分析。"支持向量机"是人工智能中类推学派的核心算法。

1997 年，IBM "深蓝"下棋机以 3.5:2.5(2 胜 1 负 3 平) 战胜了当时的国际象棋世界冠军卡斯帕罗夫，震惊了整个世界。"深蓝"团队的核心是许峰雄、莫里·坎贝和乔·赫内。

1998 年，拉里·佩奇和谢尔盖·布林共同创建谷歌公司，谷歌被公认为全球最强大的搜索引擎。

1998 年，延恩·乐存设计了一个被称为 LeNet-5 的系统，一个 7 层的神经网络，这是第一个成功应用于数字识别问题的卷积神经网络。在国际通用的 MNIST 手写体数字识别数据集上，LeNet-5 可以达到接近 99.2% 的正确率。

2000 年，华裔学者姚期智因在计算理论方面的贡献获图灵奖。

2002 年，为了帮助人类实现移民火星的梦想，伊隆·马斯克创立 SpaceX 公司。

2004 年，依靠来自加拿大高级研究所的资金支持，深度学习的一代宗师辛顿教授创立了"神经计算和自适应感知"项目，简称 NCAP 项目。定期参加 NCAP 项目的延恩·乐存、约书亚·本吉奥和吴恩达，后来都在人工智能领域取得了非常突出的成果，这一团队打造了一批更高效的深度学习算法，比如 2006 年辛顿提出的深度信念网络，他们的杰出成果推动了深度学习成为人工智能领域的主流方向。

2005 年，Boston Dynamics 公司推出四足机器狗"Big Dog"。

2007 年，苹果公司首席执行官史蒂夫·乔布斯发布第一代 iPhone，手机行业进入"智能手机"时代。

2009 年，斯坦福大学的李飞飞与普林斯顿大学的李凯合作发起了 ImageNet 计划，ImageNet 是一个含有 1500 万张照片的数据库，涵盖了 22000 种物品，对应于 WordNet 的 22000 个同义词集，可以为深度学习算法提供海量的训练数据。

2010 年，谷歌无人驾驶汽车车队开始在加州道路上试行。

2011 年，朱迪·珀尔因发明贝叶斯网络获得图灵奖。

2011 年，IBM Watson 人工智能系统参加综艺节目危险边缘（Jeopardy）来测试它的能力，最终，Watson 打败了人类选手中的最高奖金得主布拉德·鲁特尔和连胜纪录保持者肯·詹宁斯。

2011 年，NVIDIA 公司的 GPU 在"谷歌大脑"项目中展现了强大的并行运算能力，12 颗 NVIDIA 公司的 GPU 可以提供相当于 2000 颗 CPU 的深度学习性能。

2012 年，辛顿教授的学生埃里克斯·克里泽夫斯基和以利亚·苏斯科夫采用深度学习算法的 AlexNet，赢得 ImageNet 图像分类大赛冠军。

2012 年，微软高级副总裁理查德·拉希德在一个会议现场，演示了微软开发的从英语到汉语的同声传译系统。

2012 年，谷歌首次在它的搜索页面中引入"知识图谱"，谷歌知识图谱包含了 5 亿多个实体，实体的事实和实体关系的信息有 35 亿多条。

2012 年，杰弗里·辛顿获得有"加拿大诺贝尔奖"之称的基廉奖。

2014 年，亚马逊推出搭载智能助手 Alexa 的智能音箱，命名为 Echo。

2015 年，谷歌发布深度学习开源工具 TensorFlow，Tensor(张量) 意味着 N 维数组，Flow(流) 意味着数据流图的运算，由杰夫·迪恩带领的谷歌大脑团队开发。

2016 年，马斯克投资成立了 Neuralink 公司，据媒体报道，Neuralink 公司将致力于所谓"神经蕾丝"技术的开发，将微小的脑部电极植入人体，并希望未来有朝一日能够实现对人类思维的上传和下载。马斯克认为植入人脑芯片是人类未来实现与电脑的"共生"所必须经历的过程。

2016 年，AlphaGo 围棋软件挑战世界围棋冠军李世石的围棋人机大战五番棋在韩国首尔举行，AlphaGo 以 4 比 1 的总比分取得了胜利。AlphaGo 由谷歌旗下 DeepMind 公司开发，DeepMind 公司创始人是戴密斯·哈萨比斯。AlphaGo 的开发团队核心包括大卫·席尔瓦、黄士杰、克里斯·麦迪森、亚瑟·贵茨等人。

附录 3

人工智能先驱者的学术谱系

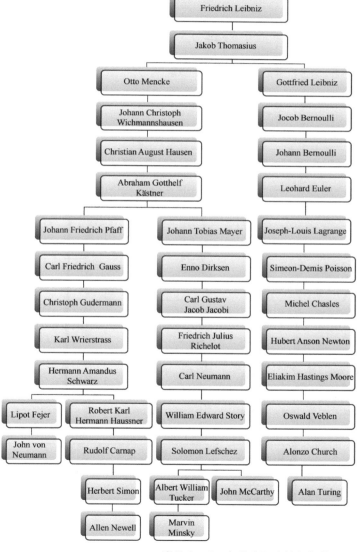

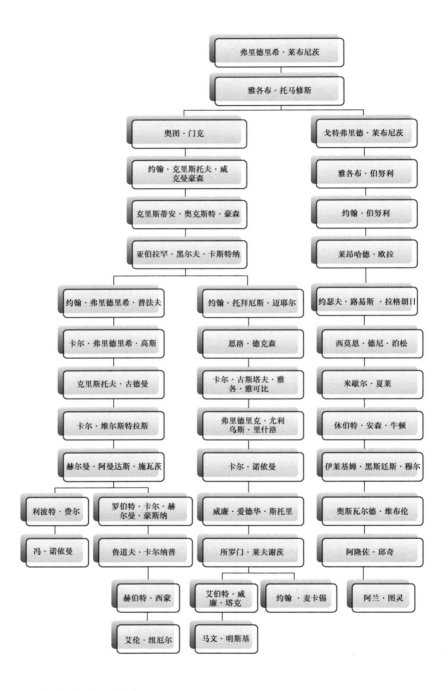

本学术谱系的资料来源是数学谱系计划（Mathematics Genealogy Project，http://www.genealogy.ams.org/）和维基百科，特此感谢。

数学的师承，通常以博士导师为准，没有读博士的，可以看在学术上对他影响最大的恩师。本谱系追溯了人工智能领域6位关键先驱者的学术师承，这6位先驱者分别是冯·诺依曼、图灵、西蒙、纽厄尔、麦卡锡和明斯基。其中，西蒙是人工智能领域的奇才，曾经拿过9个博士学位，还拿过诺贝尔经济学奖，他的师承从数学的角度来看，以鲁道夫·卡尔纳普为主。有趣的是，在上溯十几代导师之后，发现所有这些伟人的学术前辈，最后都是伟大数学家莱布尼茨的父亲老莱布尼茨。因此，笔者个人的观点，老莱布尼茨，可以说是当之无愧的"人工智能领域的祖师爷"。

从这个学术谱系图可以看出，人工智能和数学有着超乎寻常的紧密关系。可以说，数学的金色海洋孕育了计算机科学和人工智能。相信在未来，人工智能的重大突破，仍将得到微积分、线性代数、概率统计等高等数学的协助。而未来的超级人工智能系统，也极有可能和数学家联手开创出新天地。

如果你对人工智能有兴趣，也可以研究一下自己的师承，从你的数学老师或计算机老师开始追溯，很有可能你的祖师爷也是老莱布尼茨。笔者的数学师承是这样的，对我来说，数学方面最重要的老师是我的父亲刘卓雄，他从我幼年时就开始教我数学。我父亲是北京大学数学系毕业的，他最佩服的老师是张恭庆（Chang，Kung-ching）教授，张恭庆的老师是程民德（Min-Teh Cheng）教授。程民德在美国普林斯顿大学留学时，在著名数学家萨洛蒙·博赫纳（Salomon Bochner）指导下获得博士学位。从萨洛蒙·博赫纳开始追溯，著名数学家希尔伯特、高斯和老莱布尼茨都是我的祖师爷，这样的师承给了我很多的精神鼓励。这样的师承不是传奇，是大概率事件，我可以猜测，你的数学或计算机师承，有 80% 的可能会落在莱布尼茨父子、欧拉、高斯这个师承体系，有 15% 的可能会落在英国传统的牛顿、戈弗雷·哈罗德·哈代（Godfrey Harold Hardy）、怀特海、罗素、维特根斯坦这个师承体系。

我的父亲刘卓雄是福建省宁德师专的前任校长，他曾经在中国科学院数学研究所工作，也曾经做过福安县民族中学的数学老师，桃李满天下，现在他的学生或学生的学生可以清晰了解自己的数学师承了。

追溯中国数学家的师承时，有一个难点是他们的英文名字，老一辈数学家的英文名字通常与现在的汉语拼音不同，找他们英文名字的诀窍是去搜索他们的英文论文。顺便说一句，华罗庚先生（Loo-keng Hua）曾到英国追随哈代学习，张恭庆的姑妈是著名的文学家张爱玲（Eileen Chang）。

华人著名数学家陈省身（Shiing-Shen Chern）、丘成桐（Shing-Tung Yau）的师承和"人工智能之父"明斯基、麦卡锡相当接近，上溯三四代之后会发现，他们有共同的祖师卡尔·诺依曼。

以下将引用丘成桐先生的文章，供读者研究自己数学师承时参考。

"紧接着中国开始派学生到美国，其中有胡敦复（1886—1978）和郑之蕃（1887—1963），前者在哈佛大学念书，后者在康奈尔大学再到哈佛大学访问一年。他们两人先后（1911 年和 1920 年）在清华大学任教。1927 年，清华大学成立数学系，郑之蕃任系主任。

在哈佛大学读书的学生亦有秦汾，曾任北京大学教授，1935 年中国数学会之发起人中有他们三人，胡敦复曾主持派送三批留美学生，共 180 人。

1909 年，美国退回庚子赔款，成立中国教育文化基金，列强跟进后，中国留学欧美才开始有严谨的计划。严格的选拔使得留学生素质提高。哈佛大学仍然是当时中国留学生的主要留学对象，胡明复（1891—1927）是中国第一个数学博士，从事积分方程研究，跟随奥斯古德（Osgood）教授和博歇（Bocher）教授。第二位在哈佛读书的中国数学博士是姜立夫（1890—1978），他跟随库利芝（Coolidge）教授，念的是几何学。俞大维（1897—1993）也在哈佛大学哲学系跟随亨利·莫里斯·舍菲尔（Henry Maurice Sheffer）教授和克拉伦斯·欧文·刘易斯（Clarence Irving Lewis）教授读数理逻辑，1922 年得到哲学系的博士学位。刘晋年（1904—1968）跟随乔治·伯克霍夫（George Birkhoff）教授，1929 年得到博士学位。江泽涵（1902—1994）跟随菲利普·麦考德·莫尔斯（Philip McCord Morse）教授学习拓扑学，1930 年得到博士学位。申又枨（1901—1978）跟随沃尔什（Walsh）教授学习分析，1934 年得到博士学位。

芝加哥大学亦是中国留美学生的一个重要地点，其中杨武之（1896—1973）师从迪克森（Dickson）教授读数论，1926 年得到博士学位。孙光远跟随厄内斯特·莱恩（Ernest Lane）教授读射影微分几何，1928 年得到博士学位。胡坤升跟随 Bliss 学分析，1932 年得到博士学位。此外，在芝加哥获得博士学位的还有曾远荣和黄汝琪，先后在 1933 年和 1937 年得到博士学位。

除了哈佛大学和芝加哥大学，中国留学生在美国获得数学博士学位的还有：20 世纪 20 年代，孙荣（1921，雪城大学）、曾昭安（1925，哥伦比亚大学）；20 世纪 30 年代，胡金昌（1932，加州大学）、刘叔廷（1930，密歇根大学）、张鸿基（1933，密歇根大学）、袁丕济（1933，密歇根大学）、周西屏（1933，密歇根大学）、沈青来（1935，密歇根大学）。

留学法国的博士有，刘俊贤，1930 年在里昂大学研究复函数；范会国，1930 年在巴黎大学研究函数论；赵进义，1927 年在里昂大学研究函数论。留法诸人中最具影响力的是熊庆来，他 1926 年到清华大学任教，1928 年做系主任，1932 年到法国留学，1933 年获得法国国家理科博士学位，1934 年回国继续任清华大学数学系主任。他的学生杨乐和张广厚，奠定了中国复变函数的基础。

当时德法两国的数学领导全世界，库朗（Courant）在哥廷根大学带领了不少中国数学家，例如魏时珍（1925）、朱公谨（1927）、蒋硕民（1934），论文都在微分方程这个领域。曾炯之（1898—1940）在哥廷根大学师事艾米·诺特尔（Emmy Noether），1934 年得到博士学位，他的论文在数学上有重要贡献。程毓淮（1910—1995）亦在哥廷根得到博士学位，研究分析学。1935 年夏，吴大任到德国汉堡，与陈省身第三次成为同学，在布拉施克教授指导下做研究，1937 年回国。

留学日本的博士有，陈建功（1882—1971），在东北大学师从藤原松三郎研究三角级数，1929 年得到博士学位；苏步青（1902—2003），在东北大学师从洼田忠彦学习射影微分几何，1931 年得到博士学位，回国后陈建功和苏步青先后任浙江大学数学系主任。苏步青的学生有熊全治、谷超豪、胡和生等。留日的还有李国平、杨永芳、余潜修、李文清等人。

总的来说，中国第一批得到博士学位的留学生大部分都回国服务，对中国数学起了奠基性的作用。在代数方面有曾炯之，在数论方面有杨武之，在分析方面有熊庆来、陈建功、胡明复、朱公谨，在几何方面有姜立夫、孙光远、苏步青，在拓扑学方面有江泽涵。江泽涵成为北京大学系主任，姜立夫在 1920 年创办南开大学数学系，孙光远成为中央大学系主任，陈建功成为浙江大学系主任，曾昭安成为武汉大学系主任。

通过他们的关系，中国还邀请到 Hadamard、Weiner、Blaschke、Sperner、伯克霍夫、奥斯古德等大数学家访华，对中国数学的发展有极大影响力。在此以前，法国数学家 Painlevé 和英国数学家罗素分别在 1920 年和 1921 年间访问中国，但影响不如以上诸人。

紧跟着下一代的数学家就有陈省身、华罗庚、许宝騄、周炜良等一代大师，他们的兴起意味着中国数学开始进入世界数学的舞台。其中陈省身、华罗庚、许宝騄都是清华大学的学生，也是我尊重的中国学者。陈省身在海外的学生有廖山涛、郑绍远等。华罗庚则在解放初年回国后，带领陆启铿、陈景润等诸多杰出学者，成为新中国数学的奠基者。许宝騄，1935 年毕业于清华大学，成为中国统计学的创始人，他的工作在世界统计学界占有一席地位。在西南联大时，他也培养了一批优秀的数学家，其中包括王宪忠、万哲先、严志达、钟开莱等人。稍后浙江大学则有谷超豪、杨忠道、夏道行、胡和生、王元、石钟慈等。"

如果你的师承故事特别有趣，欢迎你写文章发到本书的豆瓣评论，或者发到笔者的微博"春雨 007"。

■■■ 附录 4 ■■■
术语释义汇编

　　附录 4 选择了人工智能领域的部分重要术语，这些术语的释义也不能算是权威性的。编写此附录的目的，是希望能引发读者去探索人工智能领域更多的精彩内容。以下术语按中文的拼音首字母排序。

A

Adaboost 算法

Adaboost 算法是一种迭代算法，其核心思想是针对同一个训练集训练不同的分类器（弱分类器），然后把这些弱分类器集合起来，构成一个更强的最终分类器（强分类器）。

鞍点（Saddle Point）

在微分方程中，沿着某一方向是稳定的，另一条方向是不稳定的奇点，叫作鞍点。在泛函中，既不是极大值点也不是极小值点的临界点，叫作鞍点。在矩阵中，一个数在所在行中是最小值，在所在列中是最大值，则被称为鞍点。在物理上要广泛一些，指在一个方向是极大值，另一个方向是极小值的点。

B

布尔逻辑（Boolean Logic）

布尔逻辑得名于英国数学家乔治·布尔，他在 19 世纪中叶首次定义了逻辑的代数系统。常用的布尔逻辑算符有 3 种，分别是逻辑或（OR）、逻辑与（AND）、逻辑非（NOT）。1937 年，香农展示了布尔逻辑如何在电子学中使用。今天，布尔逻辑在电子学、计算机硬件和软件中应用广泛。

博弈论（Game Theory）

博弈论是应用数学的一个分支，主要研究公式化了的激励结构（游戏或者博弈）间的相互作用，是研究具有斗争或竞争性质之现象的数学理论和方法。1944 年冯·诺依曼与奥斯卡·摩根斯特恩（Oskar Morgenstern）合著《博弈论与经济行为》，标志着现代系统博弈理论的初步形成，冯·诺依曼也被称为"博弈论之父"。博弈论目前在经济学、国际关系、计算机科学、生物学、政治学、军事战略和很多其他学科都有广泛的应用。

C

长短期记忆网络（Long Short-Term Memory，LSTM）

长短期记忆网络是一种时间递归神经网络，适合于处理和预测时间序列中间隔和延迟相对较长的重要事件。基于长短期记忆网络的系统可以实现机器翻译、视频分析、文档摘要、语音识别、图像识别、手写识别、控制聊天机器人、合成音乐等任务。

D

递归神经网络（Recurrent Neural Networks，RNN）

递归神经网络是一类人工神经网络，可用于识别诸如文本、基因组、手写字迹、语音等序列数据的模式，也可用于识别传感器、股票市场、视频等数值型时间序列数据。递归神经网络和前馈神经网络都通过一系列网络节点的数学运算来传递信息，前馈神经网络将信息径直向前递送（从不返回已经过的节点），而递归神经网络则将信息循环传递。

E

epoch

深度学习中经常看到 epoch、iteration 和 batchsize，这三者的区别如下。

（1）batchsize：批大小。在深度学习中，每次训练在训练集中取 batchsize 个样本训练；

（2）iteration：1 个 iteration 等于使用 batchsize 个样本训练一次；

（3）epoch：1 个 epoch 等于使用训练集中的全部样本训练一次。

举个例子，训练集有 10000 个样本，batchsize=10，训练完整个样本集需要：1000 次 iteration，1 次 epoch。

F

分类与回归树（Classification and Regression Tree，CART）

分类与回归树是在给定输入随机变量 X 条件下输出随机变量 Y 的条件概率分布的学习方法。分类与回归树是假设决策树是二叉树，内部结点特征的取值为"是"和"否"，左分支是取值为"是"的分支，右分支是取值为"否"的分支。这样的决策树等价于递归地二分每个特征，将输入空间即特征空间划分为有限个单元，并在这些单元上确定预测的概率分布，也就是在输入给定的条件下输出的条件概率分布。它由树的生成、树的剪枝构成。

G

哥德尔不完备性定理（Godel Imcompleteness Theorem）

哥德尔不完备性定理由奥地利裔美国著名数学家哥德尔在 1931 年提出。哥德尔证明了任何一个形式系统，只要包括了简单的初等数论描述，而且是自洽的，它必定包含某些根据系统内所允许的方法既不能证明真也不能证伪的命题。

H

核函数（Kernel Function）

核函数支持向量机通过某非线性变换 $\phi(x)$，将输入空间映射到高维特征空间。特征空间的维数可能非常高。如果支持向量机的求解只用到内积运算，而在低维输入空间又存在某个函数 $K(x, x')$，它恰好等于在高维空间中这个内积，即 $K(x, x') = <\phi(x) \cdot \phi(x')>$。那么支持向量机就不用计算复杂的非线性变换，而由这个函数 $K(x, x')$ 直接得到非线性变换的内积，使大大简化了计算。这样的函数 $K(x, x')$ 称为核函数。

I

IBM Watson

IBM 公司的 Watson 是认知计算系统的杰出代表，也是一个技术平台。认知计算代表一种全新的计算模式，它包含信息分析，自然语言处理和机器学习领域的大量技术创新，能够助力决策者从大量非结构化数据中揭示非凡的洞察。Watson 的技术有潜力应用到商业发展上，推动各行各业的转型，已推出的相关产品包括 Watson 发现顾问（Watson Discovery Advisor）、Watson 参与顾问（Watson Engagement Advisor）、Watson 分　析（Watson Analytics）、Watson 探索（Watson Explorer）、Watson 知识工作室（Watson Knowledge Studio）、Watson 肿瘤治疗（Watson for Oncology）、Watson 临床试验匹配（Watson for Clinical Trial Matching）等。

J

机器学习（Machine Learning）

机器学习是人工智能的一个重要分支。机器学习算法是一类从数据中分析获得规律，并利用规律对未知数据进行预测的算法。机器学习通常包括下面几种类别。

（1）监督学习从给定的训练数据集中学习出一个函数，当新的数据到来时，可以根据这个函数预测结果。监督学习的训练集要求包括输入和输出，或者说是特征和目标，训练集中的目标是由人标注的。常见的监督学习算法包括回归分析和统计分类。

（2）无监督学习与监督学习相比，训练集没有人为标注的结果。常见的无监督学习算法有聚类。

（3）增强学习通过观察来学习做成更有效的动作。每个动作都会对环境有所影响，学习对象根据观察到的周围环境的反馈来做出判断。

机器翻译（Machine Translation）

机器翻译实现的是利用计算机将文字从一种自然语言翻译成另一种自然语言。通过使用语料库等技术，可达成更加准确的自动翻译，包含可更好地处理不同的文法结构、词汇辨识、惯用语的对应等。

机器人学（Robotics）

机器人学是与机器人设计、制造和应用相关的科学，机器人学涉及的学科很多，主要有运动学、动力学、系统结构、传感技术、控制技术、行动规划和应用工程等。

计算机视觉（Computer Vision）

计算机视觉是人工智能的分支学科，有时也被称为机器视觉（Machine Vision）。这是一门研究如何使机器"看"的科学，就是指用摄影机和计算机代替人眼，对目标进行识别、跟踪和测量等，并进一步做图像处理，用计算机处理成为更适合人眼观察或传送给仪器检测的图像。计算机视觉包含画面重建、事件监测、目标跟踪、目标识别、机器学习、索引创建、图像恢复等分支。

进化计算（Evolutionary Computation）

进化计算算法是受生物进化过程中"优胜劣汰"的自然选择机制和遗传信息的传递规律的影响，通过程序迭代模拟这一过程，把要解决的问题看作环境，在一些可能的解组成的种群中，通过自然演化寻求最优解。20世纪60年代，这一想法在三个地方分别被发展起来。美国的Lawrence J. Fogel提出了进化编程（Evolutionary programming），而来自美国密歇根大学（University of Michigan）的约翰·亨利霍兰德（John Henry Holland）教授则借鉴了达尔文的生物进化论和孟德尔的遗传定律的基本思想，并将其进行提取、简化与抽象提出了遗传算法。在德国，英戈·雷切伯格（Ingo Rechenberg）和汉斯－保罗·施瓦费尔（Hans-Paul Schwefel）提出了进化策略（Evolution strategies）。

卷积神经网络（Convolutional Neural Network，CNN）

卷积神经网络是一种前馈神经网络，通常用来处理多维数组数据。很多数据形态都是这种多维数组的：1D 用来表示信号和序列包括语言，2D 用来表示图像或者声音，3D 用来表示视频或者有声音的图像。卷积神经网络使用 4 个关键的想法来利用自然信号的属性：局部连接、权值共享、池化以及多网络层的使用。20 世纪 90 年代以来，基于卷积神经网络出现了大量的应用。最开始是用时延神经网络来做语音识别以及文档阅读。20 世纪 90 年代末，卷积神经网络系统被用于美国超过 10% 的支票阅读上。后来，微软开发了基于卷积神经网络的字符识别系统以及手写体识别系统。21 世纪开始，卷积神经网络就被成功的大量用于检测、分割、物体识别以及图像的各个领域。近年来，卷积神经网络的一个重大成功应用是人脸识别。

K

控制论（Cybernetics）

控制论是研究动物（包括人类）和机器内部的控制与通信的一般规律的学科，着重于研究过程中的数学关系。在控制论中，"控制"的定义是：为了"改善"某个或某些受控对象的功能或发展，需要获得并使用信息，以这种信息为基础而选出的、于该对象上的作用，就叫作控制。由此可见，控制的基础是信息，一切信息传递都是为了控制，进而任何控制又都有赖于信息反馈来实现。信息反馈是控制论的一个极其重要的概念，通俗地说，信息反馈就是指由控制系统把信息输送出去，又把其作用结果返送回来，并对信息的再输出发生影响，起到制约的作用，以达到预定的目的。自从 1948 年诺伯特·维纳发表了著名的《控制论——关于在动物和机器中控制和通信的科学》一书以来，控制论的思想和方法已经渗透到了几乎所有的自然科学和社会科学领域。维纳把控制论看作是一门研究机器、生命社会中控制和通信的一般规律的科学，是研究动态系统在变的环境条件下如何保持平衡状态或稳定状态的科学。他特意创造"Cybemetics"这个英语新词来命名这门科学。"控制论"一词最初来源希腊文"mberuhhtz"，原意为"操舵术"，就是掌舵的方法和技术的意思。在古希腊哲学家柏拉图的著作中，经常用它来表示管理的艺术。

框架理论（Frame Theory）

框架理论由马文·明斯基在 1975 年创立，框架理论的核心是以框架这种形式来表示知识。框架的顶层是固定的，表示固定的概念、对象或事件。下层由若干槽（slot）组成，其中可填入具体 值，以描述具体事物特征。每个槽可有若干侧面（facet），对槽作附加说明，如槽的取值范围、求值方法等。这样，框架就可以包含各种各样的信息，例如描述事物的信息，如何使用框架的信息，对下一步发生什么的期望，期望如果没有发生该怎么办，等等。利用多个有一定关联的框架组成框架系统，就可以完整而确切地把知识表示出来。

L

LISP 语言

LISP 是一种高级计算机程序语言，在人工智能领域的应用广泛。

LISP 名称源自列表处理（LISt Processing）的英语缩写，由人工智能研究先驱约翰·麦卡锡在 1958 年基于 λ 演算所创造，采用抽象数据列表与递归作符号演算来衍生人工智能。

M

模式识别（Pattern Recognition）

模式识别就是通过计算机用数学技术方法来研究模式的自动处理和判读。我们把环境与客体统称为"模式"，随着计算机技术的发展，人类有可能研究复杂的信息处理过程，信息处理过程的一个重要形式是生命体对环境及客体的识别，即"模式"识别。对人类来说，特别重要的是对光学信息（通过视觉器官来获得）和声学信息（通过听觉器官来获得）的识别，这是模式识别的两个重要方面。模式识别在市场上可见到的代表性产品有光学字符识别系统和语音识别系统。

N

NP 完全性（NP-Completeness）

NP 完全性是计算复杂性理论中的一个重要概念，它表征某些问题的固有复杂度。一旦确定一类问题具有 NP 完全性时，就可知道这类问题实际上是具有相当复杂程度的困难问题。

O

OPS

OPS 是一种应用于专家系统的程序设计语言，由美国宾夕法尼亚州卡内基梅隆大学的 C. L. Forgy、J. Mc Dermott、A. Newell

和 M. Rychener 等 人 用 BLISS、MACLISP、FRANE LISP 和 Zeta LISP 语 言 实 现， 并 在 VAX-11、Xerox 1108、Symbolics LISP、Symbolics 3600 及 IBM-PC 上运行的系统。OPS 的最早版本是在 1975 年开发的，之后几经修改形成了 OPSI、OPS2(1978)、OPS4(1979)、OPS5(1981) 多种版本，1986 年出现了 OPS83。

欧几里得度量（Euclidean Metric）

欧几里得度量也称欧氏距离（Euclidean Distance），是一个通常采用的距离定义，指在 m 维空间中两个点之间的真实距离，或者向量的自然长度（即该点到原点的距离）。在二维和三维空间中的欧氏距离就是两点之间的实际距离。

P

Prolog 语言

Prolog 语言最早由法国艾克斯 - 马赛大学的阿兰·科尔默劳尔与菲利普·鲁塞尔等人于 20 世纪 60 年代末研究开发。1972 年，被公认为是 Prolog 语言正式诞生的年份，最早的 Prolog 解释器由菲利普·鲁塞尔建造，而第一个 Prolog 编译器则是大卫·沃伦（David Warren）编写的。Prolog 一直在北美和欧洲被广泛使用。日本政府曾经为了建造智能计算机而用 Prolog 来开发 ICOT 第 5 代计算机系统。在早期的人工智能研究领域，Prolog 曾经是主要的开发工具之一。有别于一般的函数式语言，Prolog 的程序是基于谓词逻辑的理论。最基本的写法是定义对象与对象之间的关系，之后可以用询问目标的方式来查询各种对象之间的关系。系统会自动进行匹配及回溯，找出所询问的答案。

Q

情感计算（Affective Computting）

情感计算就是要赋予计算机类似于人一样的观察、理解和生成各种情感特征的能力，最终使计算机像人一样能进行自然、亲切和生动的交互。情感计算的概念最早是由美国麻省理工学院的罗萨琳德·皮卡德（Rosalind Picard）教授于 1997 年提出的，主要是指针对人类情感的外在表现，能够进行测量和分析，并能对情感施加影响的计算。

迁移学习（Transfer Learning）

迁移学习可以从现有的数据中迁移知识，用来帮助将来的学习。迁移学习的目标是将从一个环境中学到的知识用来帮助新环境中的学习任务。

邱奇 - 图灵论题（The Church-Turing thesis）

邱奇 - 图灵论题是计算机科学中以数学家阿隆佐·邱奇和阿兰·图灵命名的论题。该论题最基本的观点表明，所有计算或算法都可以由一台图灵机来执行。以任何常规编程语言编写的计算机程序都可以翻译成一台图灵机，反之任何一台图灵机也都可以翻译成大部分编程语言大程序，所以该论题和以下说法等价：常规的编程语言可以足够有效地来表达任何算法。该论题被普遍假定为真，也被称为邱奇论题或图灵论题。

R

人工智能（Artificial Intelligence, AI）

- 1955 年，约翰·麦卡锡的定义是"制造智能机器的科学与工程"。

- 1981 年，埃夫隆·巴尔（Avron Barr）和爱德华·费根鲍姆的定义是"人工智能是计算机科学的一个分支，它关心的是设计智能计算机系统，该系统具有通常与人的行为相联系的智能特征，如了解语言、学习、推理、问题求解等。"

- 2012 年，Stuart J. Russell 和彼得·诺维格（Peter Norvig）在《人工智能：一种现代的方法》中定义为"智能主体（Intelligent agent）的研究与设计"，智能主体是指一个可以观察周遭环境并作出行动以达至目标的系统。

人工神经网络（Artificial Neural Network，ANN）

人工神经网络是 20 世纪 80 年代以来人工智能领域兴起的研究热点之一。它从信息处理角度对人脑神经元网络进行抽象，建立某种简单模型，按不同的连接方式组成不同的网络。在工程与学术界也常直接简称为神经网络或类神经网络。神经网络是一种运算模型，由大量的节点（或称神经元）之间相互连接构成。每个节点代表一种特定的输出函数，称为激励函数（Activation Function）。每两个节点间的连接都代表一个对于通过该连接信号的加权值，称之为权重，这相当于人工神经网络的记忆。网络的输出则依网络的连接方式，权重值和激励函数的不同而不同。而网络自身通常都是对自然界某种算法或者函数的逼近，也可能是对一种逻辑策略的表达。

认知科学（Cognitive Science）

认知科学，就是关于心智研究的理论和学说。"认知科学"一词于 1973 年由朗盖特·系金斯开始使用。1975 年，由于美国著名的斯隆基金的投入，美国学者将哲学、心理学、语言学、人类学、计算机科学和神经科学六大学科整合在一起，研究"在认识过程中信息是如何传递的"，这个研究计划的结果产生了一个新兴学科——认知科学。

S

三段论（Syllogisms）

三段论推理是演绎推理中的一种简单推理判断。它包含：一个一般性的原则（大前提），一个附属于前面大前提的特殊化陈述（小前提），以及由此引申出的特殊化陈述符合一般性原则的结论。例如，所有的偶蹄目动物都是脊椎动物（大前提），牛是偶蹄目动物（小前提），所以牛都是脊椎动物（结论）。

深度学习（Deep Learning）

深度学习可以让那些拥有多个处理层的计算模型（深度神经网络）来学习具有多层次抽象的数据的表示。这些方法在许多方面都带来了显著的改善，包括最先进的语音识别、视觉对象识别、对象检测和许多其他领域，例如药物发现和基因组检测等。深度学习能够发现大数据中的复杂结构，它是利用反向传播算法来完成这个发现过程的。反向传播算法能够指导机器如何从前一层获取误差而改变本层的内部参数，这些内部参数可以用于计算表示。在深度学习领域，卷积神经网络在处理图像、视频、语音和音频方面带来了突破，而递归神经网络在处理序列数据，比如文本和语音方面表现出了闪亮的一面。深度学习是一种特征学习方法，把原始数据通过一些简单的但是非线性的模型转变成为更高层次的，更加抽象的表达。深度学习的核心方面是，各层的特征都不是利用人工工程来设计的，而是使用一种通用的学习过程从数据中学到的。

生成对抗网络（Generative Adversarial Network，GAN）

生成对抗网络是一类神经网络，通过轮流训练判别器 (Discriminator) 和生成器 (Generator)，令其相互对抗，来从复杂概率分布中采样，例如生成图片、文字、语音等。生成对抗网络最初是由伊恩·古德费洛提出。

生命游戏（Life Game）

生命游戏是英国数学家约翰·康威 (John Conway) 在 1970 年发明的细胞自动机。生命游戏包括一个二维矩形世界，这个世界中的每个方格居住着一个活着的或死了的细胞。一个细胞在下一个时刻生死取决于相邻八个方格中活着的或死了的细胞的数量。如果相邻方格活着的细胞数量过多，这个细胞会因为资源匮乏而在下一个时刻死去；相反，如果周围活细胞过少，这个细胞会因太孤单而死去。实际中，你可以设定周围活细胞的数目怎样时才适宜该细胞的生存。如果这个数目设定过低，世界中的大部分细胞会因为找不到太多的活的邻居而死去，直到整个世界都没有生命；如果这个数目设定过高，世界中又会被生命充满而没有什么变化。实际中，这个数目一般选取 2 或者 3；这样整个生命世界才不至于太过荒凉或拥挤，而是一种动态的平衡。通常，游戏的规则就是：当一个方格周围有 2 或 3 个活细胞时，方格中的活细胞在下一个时刻继续存活；即使这个时刻方格中没有活细胞，在下一个时刻也会"诞生"活细胞。在游戏的进行中，杂乱无序的细胞会逐渐演化出各种精致、有形的结构；这些结构往往有很好的对称性，而且每一代都在变化形状，形状和秩序经常能从杂乱中产生出来。

生物特征识别（Biometric Recognition）

生物特征识别是用生物体（一般特指人）本身的生物特征来区分生物体个体。生物特征识别技术所研究的生物特征包括脸、指纹、手掌纹、虹膜、视网膜、声音（语音）、体形、个人习惯（如敲击键盘的力度和频率、签字）等，相应的识别技术就有人脸识别、指纹识别、掌纹识别、虹膜识别、视网膜识别、语音识别、体形识别、键盘敲击识别、签字识别等。

数据挖掘（Data Mining）

数据挖掘是一个跨学科的计算机科学分支，它是用人工智能、统计学和数据库的交叉方法在相对较大型的数据集中发现模式的计算过程。数据挖掘的总体目标是从一个数据集中提取信息，并将其转换成可理解的结构，以进一步使用。

算法（Algorithm）

算法是指解题方案的准确而完整的描述，是一系列解决问题的清晰指令，算法代表着用系统的方法描述解决问题的策略机制。也就是说，能够对一定规范的输入，在有限时间内获得所要求的输出。Algorithm 这个单词源于 9 世纪的波斯数学家 al-Khowarazmi。

T

特征学习（Representation Learning）

传统的机器学习系统，需要一个精致的引擎和相当专业的知识来设计一个特征提取器，把原始数据（如图像的像素值）转换成一个适当的内部特征表示或特征向量，然后对输入的样本进行检测或分类。而特征学习是一套给机器灌入原始数据，就可以自动发现需要进行检测和分类的特征的方法。深度学习就是一种特征学习方法，把原始数据通过一些简单的但是非线性的模型转变成为更高层次的、更加抽象的表达。通过足够多的转换的组合，非常复杂的函数也可以被学习。

对于分类任务，高层次的表达能够强化输入数据的区分能力方面，同时削弱不相关因素。深度学习的核心方面是，各层的特征都不是利用人工工程来设计的，而是使用一种通用的学习过程从数据中学到的。

Tierra

Tierra 是生态学家托马斯·S·雷在 20 世纪 90 年代早期编写的计算机模拟程序，生成的程序互相竞争，争夺 CPU 时间和访问主内存，可以自我复制并且有一定概率在复制过程中发生变异。同时，有一个杀手程序负责淘汰那些失败的变异。在这种环境下，生成的程序被认为是可进化的，可以发生变异、自我复制和再结合。

图灵测试（Turing Test）

1950 年，图灵发表了一篇划时代的论文《机器能思考吗》，文中预言了创造出具有真正智能的机器的可能性。由于注意到"智能"这一概念难以确切定义，他提出了著名的图灵测试：如果一台机器能够与人类展开对话（通过电传设备）而不能被辨别出其机器身份，那么称这台机器具有智能。这一简化使得图灵能够令人信服地说明"思考的机器"是可能的。

U

UNIX

UNIX 操作系统是一个强大的多用户、多任务操作系统，支持多种处理器架构，最早由肯·汤普森和丹尼斯·里奇于 1969 年在 AT&T 的贝尔实验室开发。关于 UNIX 的第一篇文章"*The UNIX Time Sharing System*"是由肯·汤普森和丹尼斯·里奇于 1974 年 7 月的 The Communications of the ACM 发表。这是 UNIX 与外界的首次接触，结果引起了学术界的广泛兴趣并对其源码索取，所以，UNIX 第 5 版就以"仅用于教育目的"的协议，提供给各大学作为教学之用，成为当时操作系统课程中的范例教材。各大学和公司开始通过 UNIX 源码对 UNIX 进行了各种各样的改进和扩展。于是，UNIX 开始广泛流行。

V

VR（Virtual Reality）

VR 也称为虚拟现实或灵境技术，是一种可以创建和体验虚拟世界的计算机仿真系统，它利用计算机生成一种模拟环境，是一种多源信息融合的、交互式的三维动态视景和实体行为的系统仿真使用户沉浸到该环境中。VR 是多种技术的综合，包括实时三维计算机图形技术，广角（宽视野）立体显示技术，对观察者头、眼和手的跟踪技术，以及触觉 / 力觉反馈、立体声、网络传输、语音输入输出技术等。

W

无监督学习（Unsupervised Learning）

现实生活中常常会有这样的问题，缺乏足够的先验知识，因此难以人工标注类别或进行人工类别标注的成本太高。很自然地，我们希望计算机能代我们完成这些工作，或至少提供一些帮助。根据类别未知（没有被标记）的训练样本解决模式识别中的各种问题，称之为无监督学习。常用的无监督学习算法主要有主成分分析方法 PCA、等距映射方法、局部线性嵌入方法、拉普拉斯特征映射方法、黑塞局部线性嵌入方法和局部切空间排列方法等。无监督学习中的典型例子是聚类。

聚类的目的在于把相似的东西聚在一起，聚类算法一般有5种方法，最主要的是划分方法和层次方法两种。划分聚类算法通过优化评价函数把数据集分割为 K 个部分，它需要 K 作为输入参数。典型的分割聚类算法有 K-means 算法、K-medoids 算法、CLARANS 算法。层次聚类由不同层次的分割聚类组成，层次之间的分割具有嵌套的关系。典型的分层聚类算法有 BIRCH 算法、DBSCAN 算法和 CURE 算法等。

X

XCON 专家系统

XCON 是 eXpert CONfigurer 的缩写，意为专家设置，是基于生产规则的系统，由卡内基梅隆大学的 John P. McDermott 在 1978 年用 OPS5 开发。其目的是按照用户的需求，帮助 DEC 为 VAX 型计算机系统自动选择组件。在 1980 年，XCON 最初被用于 DEC 位于新罕布什尔州萨利姆的工厂。最终它有了大约 2500 条规则。截至 1986 年，它一共处理了 8 万条指令，准确率达到 95% ～ 98%。据估计，通过减少当技师出错时送给客户的组件、加速组装流程、和增加客户满意度，它每年为 DEC 节省了 2500 万美元。

信息论（Information Theory）

信息论是运用概率论与数理统计的方法研究信息、信息熵、通信系统、数据传输、密码学、数据压缩等问题的应用数学学科。香农被称为是"信息论之父"。人们通常将香农于 1948 年 10 月发表于《贝尔系统技术学报》上的论文《通信的数学理论》（*A Mathematical Theory of Communication*）作为现代信息论研究的开端。

Y

元胞自动机（Cellular Automaton，复数为 Cellular Automata）

元胞自动机也有人译为细胞自动机或单元自动机。这是一时间和空间都离散的动力系统，散布在规则格网 (Lattice Grid) 中的每一元胞 (Cell) 取有限的离散状态，遵循同样的作用规则，依据确定的局部规则作同步更新。大量元胞通过简单的相互作用而构成系统的演化，由冯·诺依曼在 20 世纪 50 年代发明。

语音识别（Speech Recognition）

语音识别，也被称为自动语音识别（Automatic Speech Recognition, ASR），其目标是以电脑自动将人类的语音内容转换为相应的文字。语音识别技术的应用包括语音拨号、语音导航、室内设备控制、语音文档检索、语音听写录入等。

Z

自然语言处理（Natural Language Processing，NLP）

自然语言处理是人工智能的分支学科，此领域探讨如何处理及运用自然语言。自然语言生成系统把计算机数据转化为自然语言。自然语言理解系统把自然语言转化为计算机程序更易于处理的形式。

知识工程（Knowledge Engineering）

知识工程的概念是 1977 年美国费根鲍姆教授在第 5 届国际人工智能会议上提出的。知识工程是以知识为基础的系统，就是通过智能软件而建立的专家系统。知识工程可以看成是人工智能在知识信息处理方面的发展，研究如何由计算机表示知识，进行问题的自动求解。

支持向量机（Support Vector Machine，SVM）

支持向量机是机器学习中的重要算法，可以分析数据和识别模式，用于分类和回归分析。由科琳娜·科尔特斯和弗拉基米尔·万普尼克等于 1995 年首先提出的，它在解决小样本、非线性及高维模式识别中表现出许多特有的优势，并能够推广应用到函数拟合等其他机器学习问题中。

专家系统（Expert System）

专家系统是人工智能中很重要的一个应用领域。专家系统是一个具有大量的专门知识与经验的程序系统，它应用人工智能技术和计算机技术，根据某领域一个或多个专家提供的知识和经验，进行推理和判断，模拟人类专家的决策过程，以便解决那些需要人类专家处理的复杂问题，简而言之，专家系统是一种模拟人类专家解决领域问题的计算机程序系统。专家系统通常由人机交互界面、知识库、推理机、解释器、综合数据库、知识获取 6 个部分构成。

附录5
参考文献

[1]罗素，诺维格．人工智能：一种现代的方法［M］．殷建平，等，译．北京：清华大学出版社，2013.

[2] Ian Goodfellow, Yoshua Bengio, Aaron Couville. 深度学习［M］．赵申剑，等，译．北京：人民邮电出版社，2017.

[3] Tom M. Mitchell. 机器学习［M］．曾华军，等，译．北京：机械工业出版社，2003.

[4]侯世达．哥德尔、艾舍尔、巴赫：集异璧之大成［M］．郭维德，译．北京：商务印书馆，1996.

[5]诺曼·麦克雷．天才的拓荒者：冯·诺依曼传［M］．范秀华，朱朝晖，成嘉华，译．上海：上海科技教育出版社，2008.

[6]乔治·戴森．图灵的大教堂［M］．盛杨灿，译．杭州：浙江人民出版社，2015.

[7] Sara Turing. 阿兰·图林［M］．刘冲，刘晓青，译．北京：商务印书馆，1987.

[8]哈里·亨德森．在盒子里思考：11 位人工智能科学家的探索与

发现［M］. 王华，侯然，译. 上海：上海科学技术文献出版社，2014.

［9］萨沙. 奇思妙想：15 位计算机天才及其重大发现［M］. 向怡宁，译. 北京：人民邮电出版社，2012.

［10］梅拉妮·米歇尔. 复杂［M］. 唐璐，译. 长沙：湖南科学技术出版社，2011.

［11］Carl B Boyer，梅兹巴赫. 数学史［M］. 秦传安，译. 北京：中央编译出版社，2012.

［12］Martin Davis. 逻辑的引擎［M］. 张卜天，译. 长沙：湖南科学技术出版社，2005.

［13］Petro Domingos. 终极算法：机器学习和人工智能如何重塑世界［M］. 黄芳萍，译. 北京：中信出版集团，2017.

［14］邓力，俞栋. 深度学习：方法及应用［M］. 谢磊，译. 北京：机械工业出版社，2016.

［15］吴鹤龄，崔林. 图灵和 ACM 图灵奖［M］. 北京：高等教育出版社，2012.

［16］马文·明斯基. 情感机器［M］. 王文革，程玉婷，李小刚，译. 杭州：浙江人民出版社，2016.